U0177935

城市街道规划设计管控手册

珠海市横琴新区规划国土局		张福勇　江剑英　俞　斌	
珠海市规划设计研究院	组织编写	许增昭　陈德绩	主　编

中国建筑工业出版社

图书在版编目（CIP）数据

城市街道规划设计管控手册／张福勇等主编；珠海市横琴新区规划国土局，珠海市规划设计研究院组织编写.—北京：中国建筑工业出版社，2021.6
ISBN 978-7-112-26162-8

I.①城… II.①张… ②珠… ③珠… III.①城市道路－城市规划－建筑设计－技术手册 IV.
①TU984.191-62

中国版本图书馆CIP数据核字（2021）第096921号

责任编辑：毋婷娴
责任校对：姜小莲

城市街道规划设计管控手册
珠海市横琴新区规划国土局
珠海市规划设计研究院
组织编写
张福勇　江剑英　俞　斌　许增昭　陈德绩　主编
＊
中国建筑工业出版社出版、发行（北京海淀三里河路9号）
各地新华书店、建筑书店经销
北京方舟正佳图文设计有限公司制版
天津图文方嘉印刷有限公司印刷
＊
开本：787毫米×1092毫米　1/16　印张：12¼　字数：284千字
2021年6月第一版　2021年6月第一次印刷
定价：**139.00**元
ISBN 978-7-112-26162-8
（37203）

版权所有　翻印必究
如有印装质量问题，可寄本社图书出版中心退换
（邮政编码100037）

本书编委会

顾问   王　淳   魏志毅   赵文威   赵明凯   郝　晋   吴志刚

        段　庄   陈思宁   谭文杰

主编   张福勇   江剑英   俞　斌   许增昭   陈德绩

编委   兰小梅   关锦星   孙丽辉   刘永波   廖伟豪   高阿冈

        陆家文   张　路   黄文博   孙萍遥   匡　敏   郑梦雅

        蒋　莹   石　晓   冯永艳   李　源   高健夫   刘双瑞

        张　舸   范　青   钟　韵   林观文   邱华芳   董明利

        王玉强   马文超   麦　穗   叶澍焘   谭健敏   罗慧芬

        刘晓明   黄冬冬   唐倩琪   林利民   徐兆权   郭晓升

        钟焯霖   刘　聪   余展腾   陶志林   宋仕虎

前言
Preface

　　城市街道与我们的生活息息相关，是一个历久弥新的话题。从上海的南京路、新天地到广州的北京路、上下九，街道更多是自然生长，后通过有机更新焕发街道活力。国内城市街道提升工作很早就开始了，大到整条道路的改造、沿街建筑立面整治，小到街道小品、道路绿化的提升。

　　自2016年上海市发布全国第一个街道设计导则开始，街道的理念才被学术界和地方政府正式确立下来，各地街道设计文件层出不穷，也进行了街道设计的"再提升"。从各种街道规划设计工程来看，街道设计仍集中在现有街道的改造提升上，对街道要素的改造具有明确的导向性。而对于全新的规划区域如何进行街道打造，现有的案例却很少，规划设计资料可参考性不强。

　　现有的城乡规划管控基于地块的管控，主要控制容积率、建筑密度、建筑高度、绿地率等指标，对沿街的管控不强，本书恰恰希望从规划源头加强街道规划管控，按照街道分类、分界面管控基本原则，对每一种街道需要管控哪些要素进行了详细说明，重点针对商业型街道界面提出建筑立面、商业业态、透明度、建筑遮蔽、建筑前区等要素的规划源头管控，使"自然生长的街道"变成"规划的街道"。

　　目前上海市在这方面也进行了多年探索，上海的大学路无疑是规划建设的样板。但究其原因，大学路的建设由用地开发商主导建设，他们无疑更知道市场需要什么，街道建设什么，这条路更应被称为"建成的街道"，政府部门在街道建设过程中作为不大。本书希望能够明确街道规划建设过程中政府应担当的角色，逐步引导建设成为政府期望的"伟大的街道"，而如何科学进行街道分类布局，还有待城乡规划学进一步探讨。

　　本书基于《横琴新区街道设计导则》进行整理编辑成书，在现有的成果基础上提炼总结，参考珠海市及珠三角城市的精细化设计做法，并借鉴国内外先进经验，提取城市设计中关于街道规划管控的要求，结合地方特色补充指引；同时增加街道要素精细化设计的内容，探讨了如何应用街道分类指导控制性详细规划、城市设计，如何在建筑设计及道路设计中引入并强化街道设计内涵，对城乡规划管理部门也提出了精细化管控技术手段。希望本书既能够作为城乡规划设计工作者的参考资料，也能作为道路工程、建筑工程、景观工程设计师重要的参考资料。

本书分为 5 章，第 1 章总则阐述了街道的分类及应用方法和技术参数指标，第 2 章讨论的是在城乡规划管控阶段街道规划的具体应用方法，第 3 章探讨了在工程设计阶段街道设计的具体应用方法，第 4 章为街道规划建设实施管控，第 5 章列举了横琴一条街道的改造案例。

街道规划设计在国内还属于探索阶段，本书编者基于横琴新区规划实践平台进行的大量探索与实践，对于补充城乡规划管控及提升工程设计的精细化取得了一定的效果，但仍有若干科学技术问题有待进一步研究。本书所介绍的研究成果也需要在规划及工程实践中进一步总结和发展完善。近年国内城市畅行商业综合体建筑，将逛街人群集中在某栋建筑体内，无疑对街道的活力氛围有一定影响；同时随着网络社会的发展，网购、外卖等商业行为对街道的人群活动也有较大的影响，但不可否认，街道作为城市重要的肌理，体现了城市经济活力与文化涵养，是城市建设发展的推动力。在 2020 年初新型冠状肺炎疫情的影响下，城乡规划工作者也对目前的规划理念进行了检讨与反思，对街区制的实施也有不同的声音。本书编者认为疫情虽然对现有的城乡规划有一定的冲击，但是也不能完全否定现有的规划成果，我们应结合疫情等应急情况对现有城乡规划进行补充修正，以符合城市发展目标。而街道特色与活力是街道规划永恒追求，也是城市经济繁荣的窗口。小街区、适度围合等街区制的理念仍是本书倡导的优秀街道设计目标。限于规划管理及设计理念和编者的知识水平有限，书中提到的部分管控要求难免与其他城市管控不同，同时还存在部分内容的疏漏与不足，敬请读者批评指正。

编者

2020 年 11 月

目 录

Contents

第 1 章　总则

1.1 导论

1.1.1 背景

街道设计起源于 20 世纪 70 年代的荷兰，后风行于整个欧洲和美国。2003 年，美国精明增长联盟负责人大卫·哥德堡提出了"完整街道"的明确概念，概念强调街道设计应考虑各种交通参与者的需求。在此理念指导下，全世界掀起了一股城市街道精细化设计的浪潮。2004 年伦敦发布了全球第一个城市街道设计导则——《伦敦街道设计导则》，该导则偏重工程技术层面指导街道精细化施工管理维护，接着英国、纽约、旧金山、德国、阿布扎比、新德里、印度、中国台北等国家和地区从不同的角度相继发布了街道设计相关指导文件。

在国家层面，2013 年底住房和城乡建设部发布了《城市步行和自行车交通系统规划导则》，在道路慢行部分提出了详细的规划控制技术指引，但是该导则仅限于道路红线内的慢行空间指引。2016 年 2 月，《中共中央国务院关于进一步加强城乡规划建设管理工作的若干意见》提出"推动发展开放便捷、尺度适宜、配套完善、邻里和谐生活街区"，树立"窄马路、密路网"的城市道路布局理念，加强自行车道和步行系统建设，倡导绿色出行。2017 年 3 月，全国两会期间，习近平总书记提出，城市管理应该像绣花一样精细。通过实施精细化管理，可以提升城市建设管理与运行水平，进一步提高城市发展质量。

在此背景下，上海市 2016 年率先发布了全国第一个街道设计导则《上海市街道设计导则》，该导则旨在明确街道的概念和基本设计要求，形成全社会对街道的理解与共识，从根本上扭转道路规划设计中"重车轻人"的观念，践行"以人为本"理念。2019 年，上海市以该导则为基础，发布了上海地方工程建设规范《街道设计标准》DG/TJ 08—2293—2019，该标准注重指导街道工程设计实施。2018 年，广州市以举办财富全球科技论坛为契机对全市进行了街道环境品质提升，并在此基础上总结出版了《广州市城市道路全要素设计手册》，该手册侧重对街道细部从选材、设计、施工工艺要求、维护管理等进行精细化的管控。同时，杭州、厦门、深圳等地也借助举办国际会议的契机对城市景观进行了整体提升，并形成了具有地方特色的街道建设规范性文件。街道精细化、品质化的建设管理已经成为各级政府的重要抓手。

珠海市 2017 年开始进行中心城区街道环境品质化提升工程，效果显著。横琴新区作为国家级新区，在粤港澳大湾区平台下逐渐展现示范效应，特别是珠海市将保税区及洪湾一带定位为城市新中心，纳入横琴一体化地区统筹发展，整个片区街道将遵循高品质、高标准建设。为了应对新形势，横琴新区积极编制了地方街道设计导则——《横琴新区街道设计导则》。

但是无论是国内的还是国外的街道设计文件，编者发现其中普遍存在的两种现象：第一种是仅提供了街道设计理念，不能很好地指导城乡规划设计工作；第二种是提供了详细的街道工程设计指引，更多侧重于街道（道路）工程的设计实施，对城乡规划的指引性不强，特别是街道的概念及分类体系还存在分歧，无法科学有效地指导街道规划工作。参考城市设计相关资料，街道的规划管控是城市设计中重点关注的内容，许多学者对相关的管控指标有详细的研究，本书认为街道规划设计能够起到城市设计与工程设计的桥梁纽带作用。

1.1.2　规划设计原则

街道不同于传统道路，街道不仅具有道路的通行功能，还应具有公共空间和交往功能（注：详见下文街道概念界定）。街道应能体现出活力、品质、特色、生态等基本的特征，同时又能代表一个城市的风貌特色。

基于对街道的基本认识，提出街道规划设计应遵循的八大原则：安全、高效、活力、品质、特色、宜居、绿色、智慧。

（1）安全的街道：街道服务于慢行和机动化交通，两者在交通行为上存在重大的差别。安全的街道应摒弃机动化优先的思路，倡导"人车安全、人人安全、车车安全"理念，协调现有道路设计规范和城乡规划相关规范，重点加强平面过街安全、连续舒适的自行车骑行空间构建、分离停车与慢行、清晰严谨的交通标志标线、交叉口及掉头口等要素处理。同时安全的另一方面也包括社会治安，那些偏僻的、阴暗破败的街道空间往往是犯罪行为滋生的温床，而相对开放有活力、设施可靠、视线充足的街道安全性更高。

（2）高效的街道：虽然街道的设计强调慢行场所的设计，但是依然不能忽视通过性交通的设计。在现有道路等级基础上提倡街道功能分类，充分考虑沿街面的进出交通，强化干线路网的交通通达功能，加密社区支路网络，加强停车管理，实现机动化交通组织有序高效。公共交通、非机动车交通也可规划设置独立的交通空间确保其高效。

（3）活力的街道：街道规划设计要强调沿街界面功能复合混合、界面有序、空间多样、视线丰富，形成积极的沿街界面，鼓励慢行活动参与。当然不同的街道界面类型活力设计要求不同，一般来说商业型街道活力设计是第一考虑要素。

（4）高品质的街道：正如许多城市提出打造"百年街道"目标，街道品质是"百年街道"建设的重要内容，一方面要求街道的建设设计质量高品质、选材高品质，如铺装、街道家具、建筑立面等，另一方面也要求施工工艺精湛与易维护管理等。

（5）特色的街道：简·雅各布斯在其著作《美国大城市的死与生》中指出："如果一个城市的街道看上去很有意思，那么这个城市也会显得很有意思，如果一个城市的街道看上去很单调乏味，那么这个城市也会非常单调乏味。"街道的特色代表了一个城市的性格特征和文化修养。在街道规划设计中要充分融入当地历史文化，将文化元素融入街道设计元素，如将商业业态、建筑立面、广告招牌、街道绿化、街道铺装、街道家具、交通设施等进行个性化、定制化的设计。

（6）宜居的街道：以街道分类为导向，不同区域塑造不同的城市街道景观，不同街道类型营造不同的城市生活氛围。街道设计方面突出道路与周边土地的协调设计、建筑前区与道路慢行空间一体化设计。行人友好的慢行空间、丰富而有秩序的外摆空间、特别的街角空间等要素，是城市宜居的重要建设内容。

（7）绿色的街道：以城市景观风貌控制为基础，结合街道分类，在道路红线内的绿化隔离带、建筑前区绿化、生态停车场、公共交通等要素对植物选型、植物种植要求、海绵城市设计、绿色交通设计等方面凸显城市整体风貌景观和绿色生态街道设计要求。

（8）智慧的街道：智慧街道是智慧城市建设的重要载体，在街道设计中应强调设施整合，积极试点智慧出行服务系统，强化交互式街道家具与公共空间建设。

1.1.3 与城乡规划及工程设计传导关系

传统的城乡规划工作分为城乡规划和城市设计两部分，城乡规划包括总体规划和详细规划，主要目的是协调城乡空间布局、促进资源集约节约利用、改善生态环境、保护耕地，以及在历史文化遗产等方面进行限制性和引导性开发建设。城市设计主要是为了提高城市建设水平、塑造城市特色风貌、传承历史文化、优化城市形态、创造宜居公共空间而进行编制，一般分为总体城市设计和区段城市设计，为引导性控制开发规划，部分城市设计内容和要求会纳入控制性详细规划作为强制性控制指标。

现行的规划建设体系将地块和道路分开规划和管理，一般规划条件确定后进行项目立项，然后按照方案——工程可行性研究——工程设计阶段流程进行。两者由一条道路红线进行分隔，由于从规划到设计施工流程中相互协调的内容不多，导致建设的街道存在诸多不协调问题。

控制性详细规划的主要内容包括确定土地使用性质和开发强度、道路和工程管线控制、公共配套设施、空间环境管制、地下空间利用、综合防灾等。其中对道路空间的控制仅通过城市空间格局、城市开发规模来确定道路等级、道路红线、道路断面等指标。这些指标对于指导道路工程设计施工具有较强的操作性，但是对于道路本身使用功能关注不足，特别是与街道理论提出的安全、绿色、活力、智慧等人本化的设计要求相去甚远。街道规划恰恰是要弥补控制性详细规划的不足，通过引入街道功能的划分，明确土地利用与道路功能使用，加强建筑前区至慢行空间的规划控制，为街道人本化的建设施工提供规划技术支撑。

目前国内外街道设计相关成果已经较为成熟，可融入城市设计，与控规等规划平行开展，控规强条、街道规划设计、城市设计可同步作为工程设计的前置条件（图1-1）。

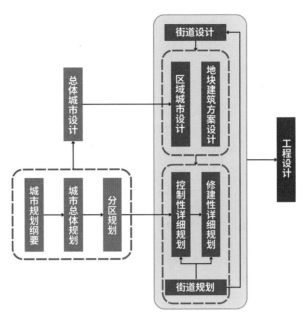

图1-1 街道规划设计在传统规划设计流程中的传导地位
（图片来源：编者自绘）

1.2 概念与应用

1.2.1 概念界定

　　《英国街道设计手册》将街道定义为满足以人为导向的场所功能和以车为导向的交通功能的道路，街道通常包括建筑物、公共空间和交通空间。彼得·琼斯等人（2012）在《交通链路与城市空间——街道规划设计指南》一书中指出街道具有交通链路和城市空间两种功能，交通链路着眼于交通通行，城市空间着眼于街道活动。街道既是通行通道，也是活动发生的目的地。从城市空间的角度来看，街道既包含道路红线空间，也包含沿街建筑前区的活动空间。陈泳、徐磊青等人（2014）研究表明建筑立面（建筑底层临街面透明度、建筑底层功能密度、店面密度等）对沿街/慢行活动有较大的影响。因此广义的街道的空间界定为道路红线、建筑前区及至沿街建构筑物界面构成的"U"形三维空间，由车行道、步行与综合活动区、交叉口、沿街界面、街道设施等组成。这里同时包括有盖的街道，街道顶面的装饰也是街道的一部分。

　　此处需要说明，街道空间定义包含沿街建筑界面，而大量的景观道路其实并没有严格的建筑界面界定街道空间，但是它依然提供了人们乐于停留的空间，也是市民印象深刻、最乐于游玩的街道。如珠海市的情侣路，靠海一侧提供了开敞的绿化及沙滩，每逢节假日成为游人聚集较多的地方，也是珠海市对外宣传的城市名片；法国尼斯滨海路是一条世界级的滨海休闲带，其靠海一侧也是开敞绿带及鹅卵石海滩（图1-2）。阿兰·B.雅各布斯在《伟大的街道》一书中对林荫大道描述为：建筑的围合并不是伟大街道形成的必要条件，密植的绿林、迷人的开敞空间也能成为伟大的街道，他甚至认为乡村小路也可以成为伟大的街道。

图1-2　珠海情侣路和法国尼斯滨海路
（图片来源：左图 http://gdzh.wenming.cn/001/201812/t20181225_5618588.html
右图 http://blog.sina.com.cn/s/blog_7b5efc610102vkqi.html）

另外，丹麦扬·盖尔在《人性化的城市》中指出，在街道上行走的行人向下看能看到水平线以下70°～80°，向上看仅限于水平线之上50°～55°，鉴于人体视界限，建筑在2层以下是人体极佳的视角空间，3～5层建筑是可观察的建筑空间，5层以上就看不到建筑细节了，在某种程度上，5层以上的建筑已经不属于街道可观察对象。方智果等人（2014）结合芦原义信、扬·盖尔、亚历山大等学者的研究，确定"近人尺度"概念为：以人的视力、仰角为出发点在视觉55°仰角范围内，在人行道（9m宽）上或邻近的开敞空间能够见到的三维空间部分，通常将建筑立面15m以下的城市空间定义为近人尺度城市空间（图1-3）。

因此狭义的街道将定义中"U"形三维空间中的建筑立面15m（含）以下的城市空间作为重点规划设计对象（图1-4）。

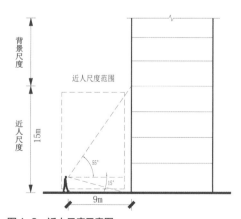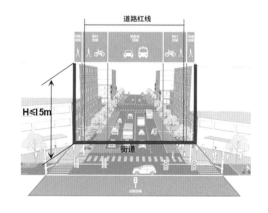

图1-3　近人尺度示意图
（图片来源：方智果，宋昆，叶青.芦原义信街道宽高比理论空间研究[J].新建筑，2014（5）：136-140）

图1-4　街道狭义空间界定
（图片来源：编者自绘）

1.2.2 应用方法

1.2.2.1 应用对象

本书的应用对象包括所有与街道相关的管理者、设计师、沿线业主、开发商和市民。管理者主要包括国土空间规划、市政、绿化、市容、交通、交警、城管、工商、基层政府组织等相关政府部门的管理人员；设计师主要包括城市规划师、城市设计师、建筑师、道路工程设计师、景观设计师等专业设计人士和学术研究人士。

1.2.2.2 应用阶段

本书的应用按照时序分为规划管控、用地及方案规划审批、设计施工、工程验收、运营管理五个阶段。

规划管控阶段需要规划管理部门或相关职能部门组织片区总体规划、分区规划、控制性详细规划、城市设计、交通详细设计等规划工作时，应将本书提出的街道设计要求、具体设计要素控制等内容融入这些规划中进行空间管控。

用地及方案规划审批阶段需要规划国土部门在用地出让条件、建设工程许可条件中融入街道管控要素，并区分刚性管控和弹性管控要求。

设计施工阶段需要建设单位严格按照用地及方案规划审批的条件实施，并同时协调国家及地方相关规范和标准要求。

工程验收阶段需要验收主管部门根据规范形成带有街道控制要素的验收审批表进行逐项验收。对于建筑前区与道路一体化设计并同步施工的道路，将建筑前区空间纳入道路空间进行验收。对于非同步施工的道路，可视情况将建筑前区空间纳入建筑工程验收。

运营管理阶段需要城市管理部门、工商部门、交警部门对街道规划控制中的沿街商业业态、沿街店招及广告招牌、商业外摆、沿街停车、沿街附加设施、沿街小品设置等进行核准。

1.3 街道分类及控制标准

1.3.1 街道分类

街道之区别于道路，重要的是街道综合考虑周边环境。街道分类没有统一的标准，不同城市对街道的分类不同，美国新城市主义依据"城市化强度"将自然环境至城市环境之间分为七个类型街道区域，即自然（T1）、郊野（T2）、郊区（T3）、一般城区（T4）、城市中心（T5）、城市核心（T6）和特殊分区（SD，如重工业区、交通枢纽与大学等），建立了连续的、不同密度和开发强度的建设标准。美国达拉斯分为混合、住区、商业、工业与公园等5种类型；旧金山分为商业、住区、工业/混合功能和其他特殊功能4种大类并细分成15种小类；芝加哥则依据交通功能与用地性质的分类标准对街道进行7种用地6种交通功能进行分类（陈泳，2017）。国内街道设计文件也是基于街道两侧的用地环境进行分类，但是未能有效给出规划控制及建设标准。

本书延续国内其他城市街道分类标准，综合考虑街道的道路等级、街道沿线用地服务功能、沿街界面形态与活动等多个因素，将街道按照沿线土地使用、交通特性两大因素分为6类：商业型街道、居住型街道、景观型街道、工业型街道、综合型街道、交通型街道（图1-5）。

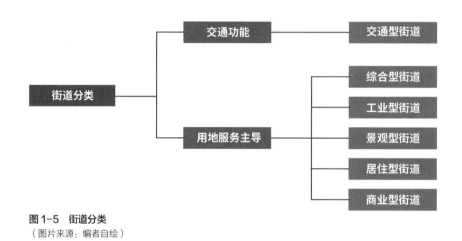

图1-5　街道分类
（图片来源：编者自绘）

1.3.1.1　商业型街道

指沿街界面以商业功能为主的街道。其街道沿线以中小规模零售、餐饮等商业为主，具有一定服务能级或业态特色，能够吸引人群聚集。服务地区及以上规模、业态较为综合的街道为综合商业街道，餐饮、专业零售等单一业态的商业街道为特殊商业街道。

商业型街道的设计应注重对街道活力、特色的打造，街道界面应连续且开放度高，街道设施与活动应丰富多样，以促进街道空间与商业界面的积极互动。在地面铺装、特色建筑、景观绿化、雕塑小品、街道家具、标识系统中融入地方特色元素。

1.3.1.2　居住型街道

指沿街界面以居住功能为主，并配套有服务住户居民的中小规模零售、餐饮、生活服务型商业（理发店、干洗店等）以及公共服务设施（社区诊所、社区活动中心等）的街道。

居住型街道的设计应注重营造安全、舒适、温馨且相对安静的街道氛围，彰显宜居城市特色。街道沿线应提供满足居民活动需求的各类场所与设施，并为不同年龄、背景的居民提供会面与交往空间，通过公共交通、慢行绿道、步行道的串联，体现诗意人居生活品质。居住型街道仅为提供市民生活服务配套商业，居住型街道的商业一般不强调连续性和活力。

1.3.1.3 景观型街道

指沿街分布有景观绿地公园、滨水开敞空间的街道。景观型街道包含景观道路、林荫路等。

景观型街道的设计应注重突出其景观特质，营造环境优美、舒适宜人的街道空间，街道沿线应提供必要的休闲、游憩空间与设施。其中，滨水景观型街道应彰显流畅浪漫气质，环山景观型街道应体现蜿蜒秀美韵味。

特别说明的是，部分街道设计导则将历史风貌街区纳入景观型街道，编者认为，因为人们对历史风貌街区存在不同的理解，不利于规划管控，因此建议景观型街道专指两侧用地为公园绿地、滨水等开敞空间，而历史风貌街区一般围合性较强，应作为商业型街道或者综合型街道进行规划管控。

1.3.1.4 工业型街道

指街道两侧以工业用地为主，以工业物流车辆通行为主要交通功能的街道。

工业型街道的设计应该需要考虑工业（工艺）管道支架、空中管廊等空间的需求。

1.3.1.5 综合型街道

指沿街界面为居住、商业、办公等多种混合功能的街道。

综合型街道应根据其街道沿线的功能与活动情况，兼顾多种类型特征的要求进行有针对性的街道设计。

1.3.1.6 交通型街道

交通型街道是指以通过性机动化交通为主的街道。所谓通过性，是指该交通流虽然经过该道路但较少与道路周边地块发生联系。

1.3.2 街道与道路协调

目前的国家标准规范对道路界定及技术标准较为明确，技术标准制定了道路等级和交通方式等技术参数，强调的是机动车通行效率，可以根据机动化交通功能划分为快速路、主干路、次干路、支路 4 个等级；但同时对道路与两侧用地环境的协调考虑不足，难以实现城市的完整街道功能。

周钰、方智果等人基于建筑围合和场所功能提出街道只是道路的子集，他们在研究中排除了交通性功能强的道路（如快速路、主干路等）。从街道定义的"U"形空间来看，街道包含道路全要素，因此国外如伦敦街道设计导则、纽约街道设计导则、阿布扎比街道设计导则，国内上海市街道设计导则等均把所有的道路等级按照街道功能进行了划分。其实在城市化进程中，受既有用地开发制约，即使是快速路也较多考虑了对周边用地的服务，因此不可缺少两侧建筑的围合与人的慢行活动。本书对除完全封闭的道路外其他道路均采用街道功能描述。

结合两者概念的内涵，本书提出道路和街道应按照两套不同的系统进行划分。道路分类维持现有的等级分类标准，街道分类应注重考虑两侧用地的环境，特别是建筑底层（地块）与道路红线间的空间环境，按照街道空间设计内容划分，街道中机动化交通部分可直接引用道路分类相关技术指标并结合方式分类的相关指标要求，而慢行、停车、交叉口、地块出入口、街道家具、建筑前区、沿街建筑立面等是街道重点关注的内容，这部分内容与周边地块环境有关（图1-6）。

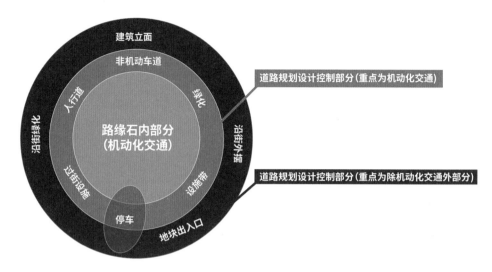

图1-6　街道与道路关系图
（图片来源：编者自绘）

基于以上理解，街道类型的划分应与道路等级划分不同，其主要表现在两点：一是街道类型划分应体现界面化，与道路等级划分不同，街道类型划分关注道路两侧的用地环境，而道路两侧的用地环境可以不同，因此道路两侧的街道功能类型也可以多样化；二是街道类型更关注建筑底层界面的功能，区别于单一的用地功能，街道的类型划分实质是对建筑底层功能提出规划管控要求（图1-7）。

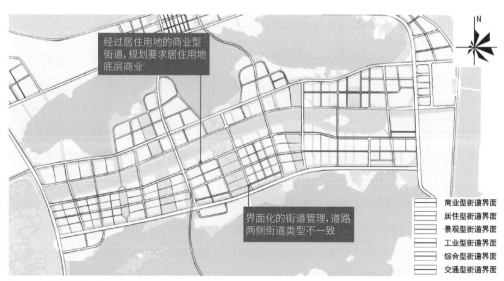

图1-7　街道功能示意图
（图片来源：编者自绘）

第 2 章　街道规划管控

2.1 规划管控总体要求

　　根据街道"U"形空间定义，街道规划管控可以简单划分为沿街界面、公共空间和交通空间3大空间管控。

　　城乡规划对街道的管控一般限于街道长、宽、高三维空间管控。

　　方智果等人（2013）从近人空间的角度出发，采用 SD 法（语义分析法）研究了上海有代表性的 8 条街道，调查被测试者对街道环境及尺度特征的心理感知，通过相关性分析，得出了影响心理感知的具体指标，其中影响街道形态的指标有街道长度、街道宽度、宽高比、曲折度等 4 个；影响街道围合性的指标有街道宽度、宽高比、界面密度、绿化覆盖率 4 个；影响街道连续性的指标有贴线率、界面密度、街区尺度 3 个；影响街道趣味性的指标有贴线率、曲折度、面宽比等 3 个；影响街道统一感的指标有绿化覆盖率 1 个；影响街道醒目性的指标有人行道宽度 1 个。

　　陈泳、徐磊青等人（2014）从商业街道活力与品质角度研究指出，街道活力与建筑临街区宽度、建筑底层临街面的透明度、建筑底层的功能密度、店面密度等因素正相关。陈泳（2017）还对美国不同城市的街道设计导则进行解读，他认为临街建筑高度、贴线率、底层临街面 3 个因子是美国各城市街道设计导则通用的控制要素。

　　基于以上学者的研究，筛选在规划层面容易操作且控制有效的管控指标作为街道规划控制其中街道界面密度、贴线率、面宽比、建筑底层透明度、功能密度等指标可统一纳入沿街界面管控，同时增加建筑退让道路红线距离、道路红线、街墙高度等指标管控可以实现宽高比、街道宽度等计算指标。

　　街道的公共空间是指两侧建筑界面内，除去道路红线部分的公共开敞空间和公共通道，包括建筑前区空间、城市广场、沿街的公园绿地、地块内的公共通道等 4 大控制要素。

　　街道的交通空间指道路红线内的空间，一般包括道路慢行空间、隔离空间、机动车空间、公共交通空间、交叉口空间、路内停车等 6 大控制要素。

　　需要注意，美国部分城市的街道设计导则及《上海市街道设计导则》将建筑前区的慢行空间和道路红线内的慢行空间统一为人行活动区，因此对于商业型街道来说，建筑前区慢行与道路红线慢行融合是街道活力与品质化的重要内涵。为了适应现有城乡规划管理，本书仍将两个空间分离，但是在规划管控及设计建设实施阶段，应提出两者空间一体化建设的要求。

2.2 沿街界面规划管控

2.2.1 界面密度

街道的界面密度是表征街道在水平维度围合程度的重要指标，舒尔茨在《存在·空间·建筑》中描述到："街道为了成为真正的形体，必须具有作为'图形'的性质。这一点可用构成连续边界的面作为手段达到。"芦原义信、阿兰·B.雅各布斯等也认为沿街建筑界面的围合对街道空间形成起着至关重要的作用。

不同学者对界面密度的计算规则认识不同。石峰（2005）认为界面密度量化计算可描述为：界面密度主要指街道一侧建筑面宽（有时是围护结构，如围墙、栅栏等）的投影总和与该段街道的长度之比。沈磊（2007）在《效率与活力——现代城市街道结构》一书中对界面密度的含义及应用有较详细的叙述："界面密度是指某段街或道一侧的所有后退道路红线距离小于高度的三分之一的建筑（含围墙、栅栏）的投影面宽总和与该段街或道的长度之比。"综合来看，两处文献对"界面密度"参数的含义表述较为一致，只是后者在具体应用时，对界面的计算范围有更为详细的规定。

若不考虑实际情形中街道界面高低错落的复杂形态，界面密度可简单地进行参数计算：指街道一侧建筑物沿街道投影面宽与该段街道的长度之比。

$$D_e=\sum_{i=1}^{n}W_i / L$$（W_i 表示第 i 段建筑物沿街道的投影面宽）

周钰（2012）在结合有关学者研究结论基础上，通过实验心理学建立了街道界面的"物理形态—心理认知"研究框架，并选择天津、阿姆斯特丹、巴塞罗那、威尼斯、巴黎、纽约等城市部分街道进行 Google Earth 截图取样统计分析发现，街道界面密度与街区建筑密度高度正相关，街区建筑密度越高则街道界面密度越高；与街廓尺度近似负相关，街廓尺度越小，也意味着街道网络越密，建筑密度一般越高。他同时分析了阿兰·B.雅各布斯在《伟大的街道》一书中提到的11 条伟大的街道和国内有代表性的 11 条道路相关街道表征指标后指出：街道的"密度表征"比"尺度表征"更为有效，界面密度达到 70% 以上是形成优秀街道空间的必要条件，小尺度街廓是形成优秀街道空间的必要条件。

方智果（2013）以近人空间尺度的视角研究了建筑密度与街道界面围合性的关系，他选取艾瑞克 .J. 詹金斯教授所绘制的街区进行建筑密度数据分析表明绝大多数公共街区实例的建筑密度都不低于 40%。他同时分析 SOM 在深圳福田中心区和天津于家堡金融区的城市设计实例对容积率、建筑密度和绿地率的演变研究指出，可以通过降低单体地块的绿地率，提高其建筑密度，采用"化零为整"的设计策略，将所有地块的绿地集中起来在中部集中设置大型的绿化公园广场，单个地块的建筑密度提高了，但整个街区的绿地率并没有降低，促成了近人空间连续性，使得城市景观整体有序也能保证公共空间的完整性，同时也有利于提升土地价值（图2-1）。

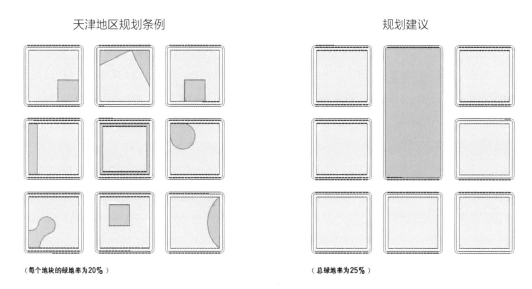

天津地区规划条例　　　　　　　　　　　　　　　　　　　规划建议

（每个地块的绿地率为20%）　　　　　　　　　　　　　　（总绿地率为25%）

图2-1　天津于家堡金融区城市设计"化零为整"规划策略
（图片来源：SOM 事务所《于家堡金融区起步区城市设计导则》）

容积率、建筑密度、绿地率、建筑高度在我国的规划管理体系中具有重要地位，它们直接关系到城市的形态构成与建设总容量。当前我国建设一直强调高绿地率和低建筑密度，这种规划理念是基于这样一个错误认识：城市公共空间越大越好，越开敞越好。黄健文（2011）从旧城改造中城市公共空间的整合与营造角度分析指出在现有城市规划技术标准下若不结合实际要素进行分析，在满足追求经济发展、单纯追求容积率的动因驱使下，盲目遵循规范并不断提高建筑高度、减少建筑密度，不仅对街区肌理与历史建筑带来侵害，而且密度过低会造成对连续界面与紧凑空间尺度的破坏，使维系社区邻里人际关系的街巷环境消失，取而代之的临街密集高层建筑实际上更加重了城市的拥挤感。他同时研究旧城传统街区，提出建筑密度高低并非人们感觉拥挤与否的唯一因素。建筑密度是建筑与用地之间客观的尺度描述，而拥挤是人对身边环境的直观感觉。基于此研究，他批驳了城市建设中"降低建筑密度、提高建筑高度"的做法，他提出已按照低密度指标进行的高层建设，如果对原有空间的紧凑尺度造成破坏，则反而需要通过提高密度加建改造进行"修复"，"修复"的关键在于公共空间的改善需求，以适宜密度的建筑裙房为其提供连续界面。

需要说明的是，以上研究多基于城市中心区 / 商业区作出的结论，结合本书前述章节提到城市街道界面的划分理念，在城乡规划管控中可以对商业型街道界面密度进行管控，商业型街道界面密度不宜小于 70%，这个指标可以与沿街建筑密度挂钩反算推演，从而对现行的城市规划技术标准中针对用地类型进行"一刀切"的建筑密度管控进行优化调整。

2.2.2 街墙高度规划管控

建筑对街道的限定作用首先反映在街道宽度（D）与建筑界面高度（H）之间的比例关系上。当我们走在狭窄的城中村小巷中，整条通道仅能容许一辆车或者双向车辆通行，两侧建筑均为 7～10 层，向上看仅能看到建筑的开窗和少许的天空，真是压抑至极的街道，而将相同宽度的街道放在村居中，相比于两侧 2～3 层的小楼，这种街道感受又是令人舒适的。虽然街道的宜人感不仅仅是宽高比一个指标可以表达，但无疑宽高比对街道形态及人体舒适感具有重要意义，它反映的是街道的开敞与封闭指标。芦原义信在考察欧洲与亚洲的传统街道空间后认为，当 D/H=1 时，空间尺度比较适宜；当 D/H>1 时，随着比值的增大街道空间会逐渐产生远离之感；当 D/H <1 时，随着比值的减少会产生接近之感。而阿兰·B.雅各布斯对分布在世界各地的数百条街道进行测量和分析后发现，伟大的街道沿街建筑高度都不到 30m，大多数街道的宽高比介于 1：1.1 与 1：2.5 之间，而那些特别宽阔的街道（如巴黎香榭丽舍大街和巴塞罗那格拉西亚大街）往往是通过紧密排列的行道树来强化和限定街道边界的。纽约区划条例规定沿街建筑的街墙高度为一个高度值或层数，超过这个高度时，建筑物要按一个理论的倾角进行退缩，用以限制相应建筑的墙体高度（天空暴露面 SEP 控制规则）。超过这个高度时，建筑必须建成坡屋顶或进行退缩。此种规定与宽高比有异曲同工之效。旧金山市也提出了相类似的城市设计规定，"对于高层建筑要求基座高度在街道宽高比 1～2 的范围内，做凸线脚处理以形成有效界定。上下两个部分应作对比处理，在线脚以下强调人体尺度"。方智果（2013）通过近人尺度研究认为街道的宽高比在 3：4～2：1 之间是合理的，当宽高比小于视域范围即 3：4 时，空间的围合感最强，由于超出了人的视域范围，会使人失去对尺度的判断能力，产生压抑感和恐惧感，这时街道设计需采取一些设计手段加以改善，将街道空间尺度控制在合适尺度范围内。

基于他们的研究，建议对沿街建筑高度参照宽高比 3：4～2：1 之间数值进行管控。不同城市对建筑高度的管控不一定符合适宜的宽高比要求，可采用多层建筑退线的形式，减少建筑高大体量对整体沿街面的破坏与压迫感。

一般城市规划管理规定对建筑退让红线距离及道路红线尺寸有明确要求，可以初步计算不同等级的道路沿线建筑街墙高度，本书结合后述章节对珠海市建筑退距修正结果和道路红线宽度进行街墙高度计算：主干路沿线建议控制在 28～75m，次干路沿线建议控制在 21～55m，支路沿线建议控制在 13～35m，其他等级道路沿线建议控制在 9～24m。当然行人对街道的围合性与尺度感知，不仅跟宽高比有关，还跟街道的绝对宽度、行人通行宽度等相关，因此要结合多因素综合考虑确定合适的街墙高度（图 2-2）。

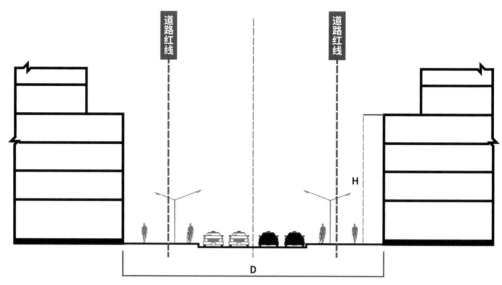

图 2-2 街墙高度计算示意图
（图片来源：编者自绘）

2.2.3 贴线率规划管控

"贴线率"源自美国"街道墙"的概念，是衡量街道界面连续性的重要指标。贴线率概念指建筑物贴建筑控制线的界面长度与建筑控制线长度的比值。如果说街墙的高度控制是对街道空间的垂直向限定，那么街墙的贴线率控制则是对街道空间的水平向限定。通过贴线率控制形成连续有序的城市街道界面，营造良好的街道空间氛围，增强街道围合感，塑造人性化的街道空间。

周钰（2012）认为东西方城市在街道界面"贴线"形态上存在巨大的差异。欧美对街道墙的控制一般不以数量控制，而是以条文形式对沿街建筑的建造位置进行限定，且一般应用于重点控制区域。如旧金山市区规划中关于"街道景观"的规定："为了对街道空间作出恰当的限定，一般说来，建筑物应该压着建筑红线建造，应具有足够的高度，并且场地整个临街面均应该建有建筑物。"而国内对街道墙的控制一般用贴线率指标进行控制。

对贴线率的认识，不同学者分歧还是较大。主要集中在两点：

第一是国内建筑文化传统与城市形态与欧美差异大，导致在街道界面是否整齐的认识视角存在差异。欧美主要发达国家同属以砖石结构为代表的西方建筑文化传统，重视小街廓、城市公共空间及建筑立面的打造，而中国传统建筑以木结构为代表，街区形态表现为大街廓，注重虚实结合、界面错落有致，体现的是"门堂之制"正统礼制思想。这种中国传统街道界面具有层次丰富的特点，如成都的宽窄巷子、重庆的磁器口、杭州的河坊街、扬州的东关街，这些传统的街道界面大多凹凸错落，具有不贴线的特征，但是其两侧木构建筑曲折变化的外观特点散发出来的传统气息依然舒适宜人和充满活力（图 2-3 ～图 2-5）。

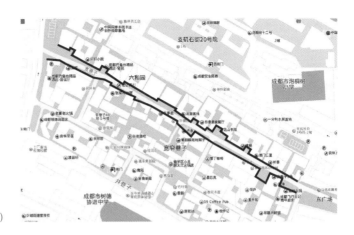

图 2-3　成都宽窄巷子沿街界面
（图片来源：编者根据百度地图整理）

图 2-4　杭州河坊街沿街界面
（图片来源：编者根据百度地图整理）

图 2-5　扬州关东街沿街界面
（图片来源：编者根据百度地图整理）

　　第二，国内不同城市对贴线率的计算法则还存在一定的争议。宁波、天津、浙江等地城市设计导则给出了贴线率的算法，上海、江苏城乡规划技术管理规定中也给出了贴线率的算法，部分学术论文中也给出了贴线率的算法，总体来看，可用于贴线率计算的规则有 4 种。

　　（1）《上海市控制性详细规划技术准则（2016 年修订版）》：贴线率为建筑物紧贴建筑界面控制线总长度与建筑界面控制线总长度的比值，以百分比表示，即：贴线率 (P)= 街墙立面线长度 (B)÷ 建筑控制线长度 (L)×100%。

　　（2）《江苏省控制性详细规划编制导则（2012）》：贴线率为建筑物贴建筑红线的长度与建筑红线总长度的比例。

　　（3）《中新天津生态城南部片区设计导则》：贴线率也称 B/P 值，指由街区内多个或单个建筑物邻接道路长度所占建筑基地邻接道路长度的百分比，数值 =(B1+B2+B3)÷P×100%。

　　（4）石峰在其《度尺构形——对街道空间尺度的研究》一文中给出了贴线率的算法：界面

贴线率系指街道两侧紧贴与街道中心线相平行的临界线（可理解为建筑红线）的界面面宽与所有界面面宽投影总和的比率。

周钰（2016）通过对比研究认为，以《上海市控制性详细规划技术准则》提供的贴线率算法最贴近国外"街道墙"的概念，也是最具有可操作性与控制效果的算法，因此，本书对贴线率的管控也参照《上海市控制性详细规划技术准则》执行。

该算法中需首先明确建筑控制线。建筑控制线是指规划街墙贴线的参考控制线，建筑必须沿建筑控制线建造，除标志性建筑和建筑的标志性部位外，必须沿建筑控制线建造沿街建筑。对于有多层建筑退让线的规划管理控制，一般来说第一界面（多层建筑退让线）可等同于街墙建筑控制线。此时建筑控制线宜参照后文提出的建筑退让红线间距管控进行综合考虑（图2-6）。

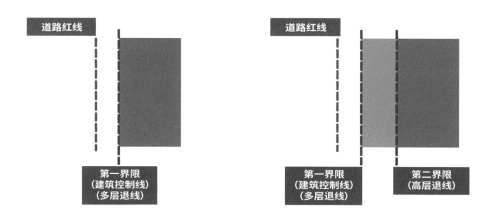

图2-6 建筑控制线示意
（图片来源：编者自绘）

按照《上海市控制性详细规划技术准则》，街墙立面线按照三种规则计算：

（1）当建筑为底层架空的形式，且架空高度不大于10m时，架空部分的宽度L1可计入街墙立面线的有效长度，即该建筑的街墙立面线长度为L2（图2-7）。

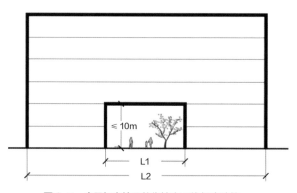

图2-7 底层架空情况的街墙立面线长度计算
（图片来源：《上海市控制性详细规划技术准则》）

（2）当建筑为骑楼的形式时，骑楼建筑轮廓投影线可计入街墙立面线的有效长度（图2-8）。

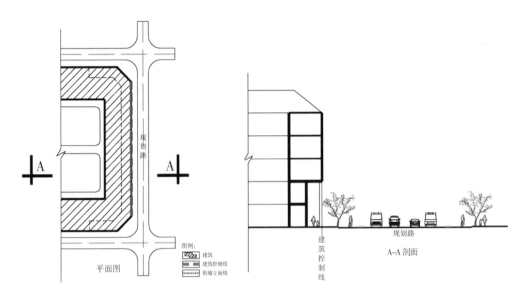

图2-8　骑楼情况的街墙立面线长度计算
（图片来源：《上海市控制性详细规划技术准则》）

（3）当建筑外墙面有凹进变化的形式时，若建筑外墙面凹进深度不大于2m，可计入街墙立面线的有效长度（图2-9）。

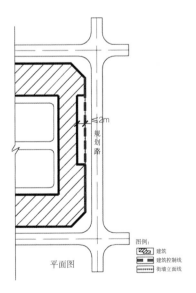

图2-9　建筑外墙有凹凸变化的街墙立面线长度计算
（图片来源：《上海市控制性详细规划技术准则》）

（4）围墙不计入街墙立面线的有效长度。

在各地技术标准规定中对贴线率的指标限定也不一致（表2-1）。

表2-1　各地城市贴线率规定表

城市	指标来源	贴线率要求
上海	《上海市控制性详细规划技术准则（2016）》	贴线率指标通过城市设计研究确定，一般不宜低于下表的规定。没有建筑界面连续要求的路段只划定建筑控制线，不设定贴线率指标 （见下表）
珠海	《珠海市城乡规划技术标准与准则（2017）》	指建筑物贴建筑控制线的界面长度与建筑控制线长度的比值。片区、新镇商业街区的建筑应保证主要沿街界面的连续性，贴线率不低于60%
武汉	《武汉市城市设计与管理技术要素库》	商业性道路街墙贴线率不得少于80%；生活性道路及景观性道路街墙贴线率不少于70%；一般性道路街墙贴线率不少于60%

地区分类	支路、次干路两侧	步行街与公共通道两侧	以休闲活动为主的公共绿地、广场周边
公共活动中心区	70	80	80
一般地区中的商业、商务功能地区	60	70	80

（资料来源：编者研究整理）

匡晓明（2012）等通过对上海典型街道案例、国外街道案例和三维空间模拟分析得出70%是贴线率的临界指标，在此数据之上的城市界面空间连续性、街道围合性较强，容易形成宜人的尺度和氛围。周钰（2016）通过数学模型计算表明，界面100%贴线时，只有1种类型；90%贴线时，只有20种；当贴线率值降为70%时，可能的界面形式达到960种；而降为60%时，达到3360种，已不具备有效的控制效果。因此在具体指标限定时，本书尽量避免使用较低的贴线率要求，而选择在必要范围内，发挥较高指标数值的控制效果（图2-10，表2-2）。

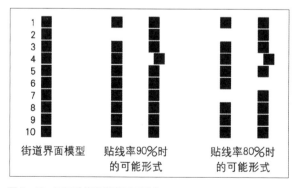

图2-10　不同贴线率街道界面形态

（图片来源：周钰.街道界面形态规划控制之"贴线率"探讨[J].城市规划，2016（8）：25-29.）

表 2-2　贴线率建议值

街道类型	主干路	次干路、支路	步行街
商业型街道界面	≥ 70%	≥ 80%	≥ 90%
具有特殊要求的街道	—	70% ~ 90%	—

备注："—"为不做指标控制
（资料来源：编者研究整理）

　　需要补充说明的是，在规定贴线率要求的同时，还需结合街道具体情况对于公共空间和建筑形式等进行综合考虑。在一般街区中的街道界面，个体活动需求不强，不需要大量吸引驻留等活动，且断面宽度较大。为避免指标过高导致界面单调，建议街区建筑贴线率在 60% ~ 70% 范围内，允许界面可以凹凸变化，只是尺度不宜过大，另外为满足不同使用者的视觉需求，要充分考虑步行者尺度，通过对近人空间的细部处理，适当增设小型开敞空间和步行交通空间，以利于增强街道的韵律与节奏感。但是，开放空间不宜过于频繁出现，或者距离太近，以至于破坏了沿街界面的连贯感。基于此点，可通过在现行规定基础上补充相应的城市设计图则或导则进行优化。

　　在贴线要求较高的街区，连续街墙宽度超过 100m 时应断开，或在底层设置净宽不小于 6m、净高不小于 6m 的通风走廊。对于特殊历史商业街区，应根据具体城市设计规定贴线率。

2.2.4 积极界面规划管控

　　扬·盖尔（2006）在《人性化的城市》一书中经典阐述了保持街道活力的要素。他提出将沿街立面打造成柔性边界是成为活力街道的必要条件。其中包括对底层界面橱窗和细部的设计、店面密度、透明度、混合的功能等，他通过哥本哈根商业性街道的调查，发现具有活性立面特征的街段上发生观望、驻足等行为的平均行人数是消极立面前的 7 倍，其逗留活动类型也更加丰富。他同时对瑞典斯德哥尔摩市和澳大利亚墨尔本市的关于建筑底层的规划政策草案提出高度赞赏，"沿奥斯陆滨水的新城市区域规划强调了这种延伸和场所的创造，在那里具有吸引力的建筑底层部分对未来的城市品质至关重要"。

　　陈泳和赵杏花（2014）对上海市淮海路的 17 个街段的底层界面进行了研究，得出了临街区宽度、透明度、店面密度和功能密度对街道活动有显著影响；徐磊青和康琦（2014）对上海市南京西路的 11 个街段的底层界面进行了研究，得出了店面密度、透明度、开敞度对街道活力有显著积极影响，而座椅总长对街道活动有消极影响，功能密度对街道活力影响不显著。

　　SOM 编制的深圳福田中心区 22 号、23-1 号街坊城市设计成为城市设计的经典案例。设计提出规划一条主要供行人使用的小街，连通东西区公园，沿街排列露天餐饮设施、俱乐部、咖啡馆等，不设置大型国际商场，供人们在就餐时享受怡人的气候，欣赏街景，对店面密度、店面宽度、透明度、招牌、街灯等进行规定，同时在人行道上设置连拱廊（骑楼），对拱廊宽度高度、地面铺装也进行规定（图 2-11）。

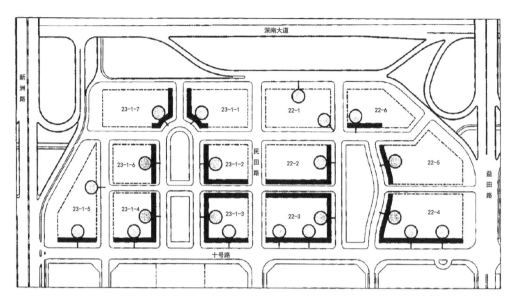

图 2-11 深圳福田中心区 22 号、23-1 号街坊城市设计底层界面管控
（图片来源：深圳市规划与国土资源局 . 深圳市中心区城市设计与建筑设计（1996—2002）系列丛书 [M]. 北京：中国建筑工业出版社，2002.）

在城乡规划管控中，店面密度、建筑底层的功能密度、建筑底层临街面的透明度、建筑遮蔽等四个指标可以进行引导性控制。

2.2.4.1 店面密度与面宽比

日本学者芦原义信在《街道的美学》一书中提出街道控制的两个指标，除了宽高比 D/H，还有一个面宽比 W/D。其中 W 指临街面商铺的面宽，D 指街道的宽度。他指出面宽比是控制街道节奏感的重要指标，W/D<1 时，街道就会显得有生气，如果狭窄的街道上有面宽很大的建筑出现，就会使这种生动气氛突然遭到破坏。

阿兰·B.雅各布斯在《伟大的街道》一书中提出伟大的街道必须追求的品质："店面越多越好，最优秀的商业街上布满了店铺入口，仅隔 12 英尺就会出现一个。"现实生活中，大型面宽较长的建筑立面会分散街道上的交流行为，而面宽窄的建筑界面却可以促进人们行为活动的发生。主要原因在于建筑的出入口空间是行为发生最为频繁的地方，较窄的建筑界面能够缩短各建筑出入口的距离，相当于增加了相同长度街道范围内建筑入口的数量，导致街道上各功能的建筑和行为活动的数量和频率增加，从而增加了街道的功能连续性和活力。

这里需要注意，不管是芦原义信还是阿兰·B.雅各布斯，他们研究提出的结论均基于生活气息浓郁的街道，宽度相比于我们国内的街道宽度要窄得多，若根据他们得出面宽比计算国内街道的临街商铺面宽，则会出现面宽过宽的问题，这样依然不能促进人们活动的发生。芦原义信也提出，当确实需要很大的立面建筑时，可以将立面划分成若干段，以便为该建筑带来变化和节奏。其实对于沿街立面的节奏控制指标，临街商铺面宽的绝对尺寸远比面宽比相对尺寸有效得多。

扬·盖尔在《人性化的城市》一书中提出"在充满活力的繁华的商业街上的商店和货亭，立面长度一般为 5 ～ 6m，这与每百米 15 ～ 20 个商店和其他吸引人眼球的选择事物相呼应"。L. 戴维斯 (Lewelyn Davies) 将街道的活力分为 5 个等级，其中 A 级对建筑连续性指标描述为 100m 内有超过 15 栋以上建筑物，B 级为 100m 内有超过 10 ～ 15 栋建筑物，C 级为 100m 内有超过 6 ～ 10 栋建筑物，D 级为 100m 内有超过 3 ～ 5 栋建筑物，E 级为 100m 内有超过 1 ～ 2 栋建筑物。陈泳（2014）、徐磊青（2014）等亦通过对上海典型商业街道调研得出商业逗留活动量随店面密度的增加而呈现总体的上升趋势。当街段的店面密度超过 7 个 / 百米时，商业逗留活动量都保持了较高的水平，但商业逗留活动量没有随店面密度的继续增加而增加，而是出现了波动。陈泳同时指出，二者之间的差异可能是由于扬·盖尔等人的研究是建立在欧洲老城区的调查基础上，很少有大体量商业中心，因此其店面密度要相对高些；而国内由于大规模的城市更新与商业性开发，大型购物中心及超市的快速发展已使传统的街道环境发生较大变化。根据这个结论，商业店面的宽度宜为 6 ～ 15m。

编者在进行《横琴新区街道设计导则》编制过程中，也对横琴新区现状典型的几条街道店面密度进行了调查，得出了与陈泳、徐磊青等人相同的结论。编者共调查了横琴有代表性的 8 条街道，平均店面密度 7.2 个 / 百 m。

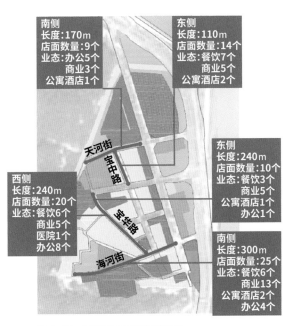

图 2-12　横琴新区街道店面调查
（图片来源：编者整理）

方智果（2013）也对这些研究进行总结归纳，他认为 L. 戴维斯研究针对的是传统建筑，没有考虑消防间距，按照当今的城市规划规定，100m 内一般现在很难放进那么多建筑，但是可以通过对大体量建筑立面的划分，将建筑面宽值控制在适宜范围内。同时这些研究主要针对实体界面而言，而在现实条件下，街道界面的功能连续性不仅与实体界面有关，而且还与"虚体界面"相关，也即与实体界面之间的间隔分布有关系。他通过芦原义信、凯文·林奇等学者对外部空间的研究认为，30m"虚体界面"尺度是衡量城市公共空间是否具有连续性的尺度，超过这个尺度会破坏街道空间界面的功能上的连续性，此处的空间将被视为是消极的功能空间。

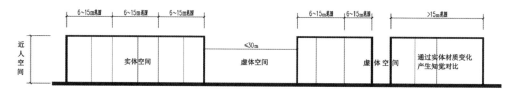

图 2-13　适宜街道建筑面宽范围
（图片来源：方智果 . 基于近人空间尺度适宜性的城市设计研究 [D]. 天津：天津大学，2013.）

　　结合以上研究，本书认为商业店面的宽度 W 宜控制在 6 ～ 15m，虚体空间的宽度宜控制在 30m 以内。

　　需要说明的是，目前国内城市风行建设商业综合体，这种大体量的建筑若规划失误，会严重破坏街道的节奏感与舒适度。规划上应慎重布局此类商业综合体，对于确需建设大体量的综合体项目，规划应要求在立面做进一步的竖向划分产生小立面单元，通过不同材质的建筑立面产生强烈的对比，在近人空间部分增加立面的竖向线条，使人们产生视觉反差，减弱大尺度对人的视觉影响，以保证街道界面功能上的连续性。

2.2.4.2 功能密度

　　简·雅各布斯在其代表性著作《美国大城市的死与生》中提到街道应该是混合多样的，其发展势头好，就会吸引更多的人群，就会给街道增添活力与烟火气息。阿兰·B. 雅各布斯在《伟大的街道》一书中提出街道锦上添花的品质很重要的内容是建筑功能的多样性，"多样用途会对街道和街区发生活化作用，让各种各样的人，带着各种各样的目的前来此地，让街道保持运转"。编者对珠海市街道调研也有同样的感受。凤凰南路是珠海市最有历史的街道，周边餐饮、零售、综合体、学校、住宅各种功能复合，是珠海市民公认最有活力的街道，而那些功能单一的街道，如家具街、金融街、服装街等除了特定的人群鲜有人光顾，但是也有一些功能单一的街道保持了较高活力，如餐饮一条街。

　　陈泳、赵杏花（2014）在上海淮海路的案例研究中认为，建筑底层的功能密度对于多样化的街道生活具有积极意义，反映了街道界面内在的"质"。街道功能并没有固定的模式与配比，关键在于相互之间的协调共存。相对而言，价位适中的食品与休闲餐饮类店面能够较好地支持人的视、听、闻等感官体验，进而吸引驻足、交谈和消费等活动；而银行、酒店与办公以及航空公司售票点等功能则较为消极。龙瀛（2016）等人利用手机大数据对成都和北京的街道进行活力评价和因素分析指出：功能密度、到城市商业中心的距离和到商业综合体的距离是影响街道活力的主要因素，而各类型街道的活力影响因素均与功能密度的关系最为敏感，商业中心能在一定程度上提升周边的街道活力。

按照陈泳、赵杏花（2014）等人研究，功能密度指各街段中每 100m 的功能业态的数量配比，具体分为食品、餐饮、服饰、电子、工艺品、日用品、文化娱乐、服务咨询和办公旅馆等 9 种类型，而龙瀛（2016）等人则以百度地图 POI 数据为底，将道路中心线 55m 缓冲范围内影响活力的 POI 总数视为功能密度。这些研究基于特定区域或者特定街道，并没有得出街道功能密度影响街道活力的阈值，对于规划工作来说，增大功能密度与用地复合性是保证街道具有活力的正确方向，而对于规划街道如何确定功能密度依然成为问题。

根据以上研究，编者尝试将业态功能配比大致分为积极的商业业态和一般性商业业态，同时参考一些比较优秀的街道功能密度，提取功能密度比例以及积极业态的比例，希望能为规划工作提供参考（表 2-3）。

表 2-3　商业业态分类

大类	中类	小类
积极商业业态	轻餐饮	早餐店、茶楼、咖啡厅、面包店、甜品店、奶茶店
	重餐饮	大饭店、火锅店、快餐店、西餐厅、中餐厅、茶餐厅、酒吧迪厅
	零售	超市、水果店、便利店、药店、书店、电子产品店、眼镜店、服装、礼品、鲜花
	文化娱乐 Ⅱ	影视放映、舞厅、游艺厅、洗浴中心、推拿按摩、剧场
	生活服务 Ⅰ	美容美发美甲、照相、洗衣
一般商业业态	金融服务	银行、证券、财会、法律、融资贷款、电信、中介、打印
	生活服务 Ⅱ	物流、快递、房产中介、家具建材
	教育培训	艺术教育、语言机构
	文化娱乐 Ⅰ	文化艺术展
	体育	羽毛球馆、健身房
	车辆销售及维修	汽车销售、汽车配件、汽车修理、洗车、单车销售及修理

（资料来源：编者研究整理）

表 2-4　商业型街道案例研究

街道名称	有效长度 /km	建筑底层商业比例	积极商业业态占比
纽约第五大道	0.8	98%	48%
旧金山市场街	0.8	95%	69%
巴黎香榭丽舍大街	1.1	85%	51%
伦敦牛津街	1.64	98%	50%
东京新宿大街	0.91	83%	62%
北京西单	1.6	65%	39%
上海淮海路	2.5	88%	65%
珠海凤凰路	1	75%	58%

（资料来源：编者整理）

根据以上案例类比研究，本书建议商业型街道界面底层商业业态不低于 70%，其中积极的商业业态功能占比整体商业应不低于 50%。

需要说明的是，根据其他学者研究，街道活力不仅跟功能相关，还和到商业中心的距离、交通便利性、周围用地的复合性相关，因此规划打造一条具有活力的商业街道应综合多种因素考虑。

鉴于对街道界面分类原则，规划可以采用空间句法等技术手段对商业型街道界面进行识别，区分积极的商业型街道界面和一般商业型街道界面，在街道正式运作中，工商等行政部门应根据规划对商业业态进行核准。在此基础上可对商业型街道进行特色定位。

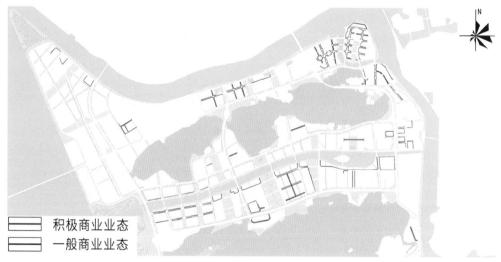

积极商业业态
一般商业业态

图 2-14 横琴新区积极商业业态管控
（图片来源：编者自绘）

2.2.4.3 透明度

扬·盖尔在《人性化的城市》一书中提出柔性边界对创造活力街道起决定性的影响与作用。他提出能够亲近地和深入仔细地体验建筑底层部分是创造柔性边界的必要条件，我们近距离观察建筑立面的细部和展示橱窗，感受建筑立面的韵律、材料、色彩，是评价街道是否有趣且充满活力的重要方面。"如果人们能够看到橱窗中展示的商品和建筑内部正在进行的活动的话，行人在城市中的步行活动就会增加，而且是两全其美"。

阿兰·B.雅各布斯在《伟大的街道》一书中总结优秀的街道不可或缺的物质条件时指出：最优秀的街道都有一个特别之处，它们的边缘都是透明的。他指出建筑的门窗通透，且能够开放进入与触摸是优秀街道必要条件。

托马斯·希尔·洛佩斯在马德里的案例研究中认为，透明度达到 63% 以上时对行人停留活动最有利；陈泳、赵杏花（2014）在上海淮海路的案例研究中认为，透明度达到 62% 后，街段上的行人停留活动维持在较高水平且不再受透明度增加的影响；徐磊青、康琦（2014）在上海南京西路的案例研究中认为，街道底层建筑界面透明度应不低于 60%。

陈泳、赵杏花（2014）在其研究中给出了透明度的计算规则。透明度指各街段中具有视线渗透度的建筑界面水平长度占建筑界面沿街总长度的比例，依据店面的空间通透程度分为：门面完全打开的开放式店面（1 类）；视线可以直接看到室内的通透式玻璃橱窗（2 类）；设置商品布景的广告式玻璃橱窗（3 类）；室内外的视觉被阻隔的不透实墙 (4 类)(包含不透明平面广告)，由此设定为：透明度 =(1 类界面长度 × 1.25+2 类界面长度 +3 类界面长度 × 0.75)/ 街段的建筑界面沿街总长度。本书对透明度的计算采用此规则。

编者选取阿兰·B. 雅各布斯在《伟大的街道》提到的部分伟大街道和芦原义信在《街道的美学》中提到他认为日本较为优秀的街道，同时选择珠三角部分典型的商业街道，根据工作日和休息日人流热力图进行街道有效长度的识别，对建筑底层临街面的透明度通过 Google 街景、百度街景识别及部分街道现状调研整理如表 2-5 所示。

表 2-5　商业型街道低层建筑透明度研究

街道名称	有效长度 /km	建筑底层临街面透明界面比例 /%
纽约第五大道	0.8	93
旧金山市场街	0.8	91
巴黎香榭丽舍大街	1.1	83
伦敦牛津街	1.64	95
东京新宿大街	0.91	70
北京西单	1.6	50
上海淮海路	2.5	82
珠海凤凰路	1	65

（资料来源：编者整理）

结合其他学者的研究，编者认为商业型街道建筑底层的透明度应不低于 60%。

2.2.4.4　建筑遮蔽

扬·盖尔在《人性化的城市》从心理学的角度出发提出城市空间建筑立面的"凹洞"是吸引人停留的地方，"因为这些凹进去的地方很容易找到依靠，可背靠，可遮风挡雨，最主要的一点在于，这些空间对于外界是半隐半显的，既可以退后让人几乎看不见，而出现了有意思事情的时候又可以走出来现身"。编者对这一描述深有同感，编者居住的街道刚好有一条完整的骑楼，小孩子乐于在骑楼中玩耍，在各种店铺中进进出出。

阿兰·B. 雅各布斯在《伟大的街道》一书中认为街道周边环境的舒适性是街道不可或缺的物质条件。他指出街道总是让人倍感舒适，至少在那样的环境中，它已经达到了可能的最高舒适程度，加上环境酷热，它就会带来清风和阴凉。正是基于这样的特质，好的街道设计师在打造一条街道时努力提供优质的环境要素，如南方地区多雨高温高热的气候，设计一些建筑遮蔽设施有利于改善街道慢行环境。深圳福田中心区 22 号、23-1 号街坊城市设计利用人行道增设骑楼（连拱廊）的做法，既延续了岭南建筑风貌，又极大改善了整体街区的慢行环境品质（图 2-15）。

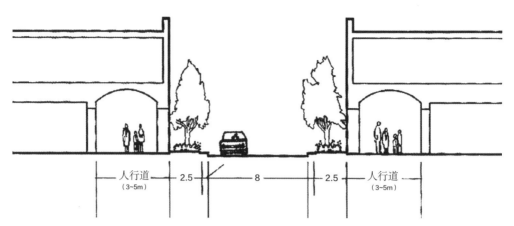

图 2-15　深圳福田中心区 22 号、23-1 号街坊城市设计连拱廊设计

（图片来源：深圳市规划与国土资源局 . 深圳市中心区城市设计与建筑设计（1996—2002）系列丛书 [M].
北京：中国建筑工业出版社，2002.）

　　沿街建筑遮蔽形式一般可分为骑楼、建筑出挑、遮阳（雨）棚等三种。

　　（1）骑楼

　　骑楼一般应用于商业型街道（含步行街）、综合型街道、主要公园、广场周边及面水公共建筑，结合退线营造商业氛围，建筑沿街面采用嵌入式开放柱廊；骑楼立柱之间不应设置任何障碍物（图 2-16）。

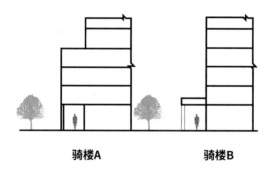

骑楼A　　　　　　　　**骑楼B**

图 2-16　骑楼设置形式
（图片来源：编者自绘）

　　（2）建筑出挑、遮阳（雨）棚

　　建筑出挑和遮阳（雨）棚一般适用于商业型街道，与骑楼具有相同的作用，但是无立柱支撑建筑（图 2-17）。

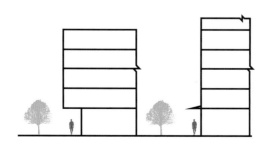

图 2-17　建筑出挑和遮阳（雨）棚设置形式
（图片来源：编者自绘）

在城市设计中应结合街道界面分类，对部分商业型街道界面的建筑遮蔽形式予以管控，在具体地块方案报建中予以落实（图 2-18）。

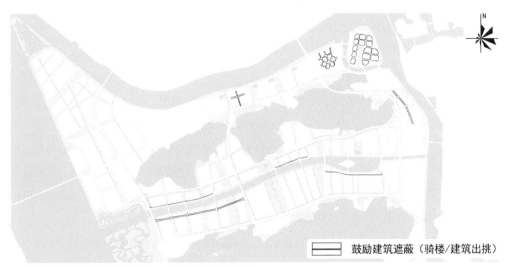

鼓励建筑遮蔽（骑楼/建筑出挑）

图 2-18　横琴新区对建筑遮蔽规划管控示意图
（图片来源：编者自绘）

2.3 公共空间规划管控

2.3.1 建筑前区规划管控

建筑前区按照开放程度可划分为开放式建筑前区和封闭式建筑前区。封闭式建筑前区一般采用围墙进行隔离，规划控制中应对围墙的设置位置、高度、形式、通透率等进行控制。彭建国等（2007）将开放式建筑前区定义为一种灰空间形态，该空间介于"公权"与"私权"之间，灰空间设置成败直接关乎街道的活力。国内城市对这部分空间仅用一条退让线进行管控，对空间建设内容并无过多限制，这样会造成诸多城市问题。

2.3.1.1 建筑退线管控

建筑后退一般包括建筑后退用地红线、道路红线、河道蓝线及绿线紫线等。本书仅讨论建筑后退道路红线的情况。

从现状建筑后退道路红线的使用效果来看，一些新规划区出现了各种建筑退让空间使用乱象，相反一些历史城区对建筑退让的空间进行了有效利用。这当然有规划建设及城市管理的原因，更多的是目前尺度过大的建筑退让空间规划管控造成了沿街界面的低效利用。编者以珠海市目前出现的建筑退让空间使用乱象为例进行说明。

（1）公私利益冲突，市政功能落实难

从土地使用权属关系来看，沿街地块产权与市政用地一般以道路红线划分，建筑退让道路红线空间属于沿街地块产权。《珠海市城乡规划标准与准则（2017）》规定了建筑退让道路红线空间划分为绿带和景观带，其中绿带应作为市政管廊带，不得改变用途。目前珠海规定市政工程管线可突破道路红线宽度敷设，用地出让条件（或土地合同）若未能明确绿带作为市政管廊带功能要求，则道路市政管廊设施建设协调困难。

（2）建筑退界空间停车降低了街道开放空间质量

珠海标准中规定了退让空间中的景观带可安排用地项目的地下室、管线、步行道、座椅、雕塑、喷水池、灯杆、旗杆、指示牌、围墙、门卫（10m² 以内）等构筑物和建筑小品等功能，但是目前可见的沿街景观带空间使用功能一般为停车。以城市次干路为例，多层建筑退让道路红线15m，从空间使用功能上恰恰可以划分为 6m 的停车位、4m 的车行通道以及 3～5m 的人行空间，在停车紧张的时候还可以形成两排停车位，俨然从规划到建设无缝衔接的停车场空间。这样的情况下，人车混行，安全隐患大，且行车对地面铺装损毁严重，沿街品质差（图 2-19）。

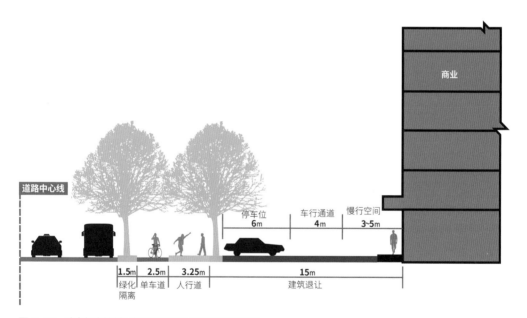

图 2-19　珠海标准控制下的次干道退让空间布局示意图
（图片来源：编者自绘）

（3）退界空间与道路慢行消极隔离，影响商业活力

由于建筑退让道路红线空间开发权和管理权均属于地块开发商，而沿街地块一般分属于不同的开发主体，每一个地块开发主体对沿街商业定位、沿街环境品质建设能力不同，造成一条街道的沿街环境参差不齐。虽然珠海标准中提倡建筑退界空间的景观带部分可设置座椅、雕塑、喷水池等一些休闲景观设施，但是政府部门缺乏对这一空间的规划管控与建设实施管控，退界空间规划设计完全取决于地块开发主体的意图，部分地块开发主体对退界空间与道路空间一体化设计施

工取得良好效果，但更多地块开发主体采用的是绿化隔离或者高差隔离两个空间，这造成了商业店铺前慢行与道路慢行无法有效互通，严重影响了街道的商业活力（图 2-20，图 2-21）。

图 2-20　珠海市凤凰路消极绿化
（图片来源：编者拍摄）

图 2-21　珠海市九洲大道高差分离且被停车所占
（图片来源：编者拍摄）

规划标准确立的较大的建筑退让尺度原因，一是满足消防、防灾等安全使用距离，二是为道路拓宽和市政管线敷设预留空间，三是一些景观控制的需要。对比其他大城市的建筑退让标准，珠海市的建筑退让空间明显过宽，第一条原因已经不足以成为支持其保留较大退让的理由，而从十多年的城市交通发展来看，单纯的拓宽道路对解决交通拥堵问题无异于"饮鸩止渴"。上海市已经提出了永不拓宽道路规划，加强城市土地利用与交通协调、加密道路网、提高绿色交通出行比例才是解决交通拥堵问题的良策。

编者通过研究对比国内外的建筑退让道路红线控制标准，发现国内外建筑退让道路红线控制存在两大不同：

一是国内城市公共建筑退距普遍大于居住建筑，而国外相反。

编者对国内部分城市建筑功能（或用地功能）纳入退距控制因素的城市规划技术标准研究后发现，许多城市的公共建筑退界距离普遍大于非公共建筑，呈现出公共性越强退让越多、私密性越强退让越少的特征。如北京市规定在建筑高度同为 45 ~ 60m，道路宽度均为 30 ~ 60m（有地块开口情形）下，金融商贸服务设施、医疗卫生等用地退让距离（二环以外，下同）为 10m，而商务行政办公用地退让距离为 7m，居住用地退让距离为 5m。究其原因，国内城市主要从城乡规划管理角度出发，对公共建筑主要从交通集散、救灾防灾、降噪减污、设施供给等方面考虑，因而预留了更多的退距空间。

通过对国外城市退距考虑因素的考察，国外较多城市的中心区均基于用地性质（建筑功能）规定退让距离，且公共建筑的退让距离一般小于非公共建筑，呈现出公共性越强退让越少、私密性越强退让越多的特征。如纽约的城乡规划标准中规定一般性商业（C1/C2C/C3/C4C/C5/C6）退让距离为 0，而 R2 居住型建筑距离达到 4.57m，R1 居住建筑更达到 6.1m。

二是国内城市关注整栋建筑功能，而国外城市更关注底层沿街界面功能。

国内部分城市考虑了根据用地性质制定退让间距，如北京、成都等城市，但是这些城市一般是考虑整栋建筑性质（或者用地性质），而国外城市退距控制标准一般根据建筑底层界面功能进行控制。从使用需求来看，沿街界面功能与街道生活息息相关，而建筑上层功能与街道使用者关联不大。对于沿街商业等完全开放的公共空间，较窄的退距能够与道路慢行空间形成整体，促进道路慢行与商业建筑的互动，而过宽的退距容易与道路慢行隔离，不利于形成积极的商业氛围；而办公、文教体卫等公共建筑，虽然也与市民生活息息相关，但是沿街界面一般不与街道生活发生直接联系，且某些建筑功能为了减少交通噪声的干扰要求较多的退让空间形成相对封闭的空间组织；居住建筑为私有空间，对沿街环境敏感，一般会采用围墙和绿化进行隔离，因此退距一般都会较大。

基于以上认识，编者尝试从近人空间的角度出发，通过引入建筑底层功能，考虑慢行活动需求的角度，对珠海市现行的建筑退让道路红线标准进行修正（表2-6）。

表2-6 珠海建筑物退让道路红线修正表

道路等级	底层为商业建筑退让道路红线间距		
服务型主干道	研究方式	活动需求所需退让	4 ~ 9m
		建筑与道路宽高比	0.5 ~ 9.25m
	退让间距建议值		4 ~ 9m
次干道	研究方式	活动需求所需退让	3.5 ~ 9m
		建筑与道路宽高比	0 ~ 7.25m
	退让间距建议值		3.5 ~ 8m
支路	研究方式	活动需求所需退让	3 ~ 9m
		建筑与道路宽高比	0 ~ 7.5m
	退让间距建议值		3 ~ 7m

（资料来源：江剑英.建筑退让道路红线间距控制及规划管控——以珠海市横琴新区为例[J].城市规划学刊，2019（4）：79-86.）

表2-6中给出的底层为商业建筑的建议值为区间值（非固定值），在城乡规划编制中，可根据本书前述章节对街道界面的分类，对商业型街道、综合型街道界面参照此区间值进行选取，具体每条街道每个地块采用多少退让距离，应结合整体街道风貌、贴线率要求、市政管线需求、既有地块退让标准等综合考虑。同时，虽经理论计算退距可取0，但是考虑消防、设施供给空间、建筑施工面、日照等因素，通用型的退距不予取0；对于零退让街区宜做特殊区域城市设计处理。在有城市设计要求的重要商业街区（含邻里中心）底层设置连续骑楼空间的商业建筑，在满足交通安全及要求的前提下，经城乡规划行政主管部门批准可不受建筑退让道路红线控制。

虽然上述研究对现有的建筑退让道路红线标准进行了修正，但是街道整体宽度（道路红线宽度＋退线宽度）依然比阿兰·B.雅各布斯在《伟大的街道》中对世界著名的生活性街道宽度的研究结果宽。他在该书中研究认为9 ~ 32m的街道宽度（道路红线＋退让空间）既能保证街道基本的交通职能，又可满足其社会场所功能和人性需求，是伟大街道成功要诀。同时，刘剑刚（2010）等人也对香港等地街道活力进行了探讨，他认为街道宽度控制在 10～30m 能够很好促进街道两侧对话交流。这个问题其实雅各布斯在《伟大的街道》一书中在对香榭丽舍大街等林荫道分析时已经给出了答案："是行道树而不是建筑充当着强化和界定建筑边界的作用，甚至于行道树能比建筑更好地解决这个问题。"因此可在较宽的街道通过两侧的密集行道树或植被对街道空间进行二次划分与限定，提供围合街道空间的界面并改善局部空间街道宽度与竖向高度的比例关系。珠海市的凤凰路、柠溪路等较强活力的街道也印证了这一点。

2.3.1.2 规划管控形式

对建筑退让道路红线的压缩从一定程度上能够解决建筑前区无序停车、人车混行的问题，但是若缺乏对这一空间的建设及使用情况管控，对街道界面的品质仍会令人担忧，如建筑前区与道路慢行高差、铺装、绿化、小品、商业外摆等设计细节，需在城市设计、用地出让、工程实施等各阶段进行强制管控。本书提出建筑界面配合贴线率进行管控，同时对建筑前区作为城市公共空间加强管控。

一条街道周边的用地功能通常是多样的，对于强调贴线率的街道，街道上可能既有开放式界面也有部分封闭式界面，规划上应要求封闭式界面向开放式界面对齐。以封闭式界面设置围墙为例，围墙设置位置应与开放式界面的建筑立面保持同一直线（图 2-22）。

图 2-22　混合界面空间的围墙设置图
（图片来源：编者自绘）

对于商业型街道和综合型街道断面，要求建筑前区与道路红线内慢行空间一体化规划设计施工，充分识别积极的商业街道界面，对建筑前区进行商业外摆进行控制，在规划图则及街道断面中明确商业外摆空间及绿化空间，避免消极绿化阻隔建筑前区与道路红线内的慢行交流（图2-23，图2-24）。

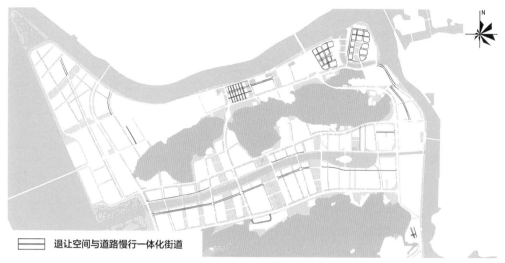

▭ 退让空间与道路慢行一体化街道

图 2-23 横琴新区建筑前区与道路慢行空间一体化规划管控
（图片来源：编者自绘）

▭ 鼓励连续性商业外摆

图 2-24 横琴新区建筑前区商业外摆规划管控
（图片来源：编者自绘）

2.3.2 城市广场规划管控

芦原义信《街道的美学》一书中在考察意大利众多广场后提出广场应具备以下四个条件：第一，广场的边界线清晰，能成为"图形"，此边界线最好是建筑的外墙，而不是单纯遮挡视线的围墙；第二，具有良好的封闭空间的"阴角"，容易构成"图形"；第三，铺装面直到边界，空间领域明确，容易构成"图形"；第四，周围的建筑具有某种统一和协调，D/H 有良好的比例。

他总结出的广场特征针对欧洲特定的文化背景，由于欧洲文明的多元性，广场在不同的文化区、不同的城镇公共生活中演化出众多类型。如约瑟夫·斯瓦本（Joseph Stübben）就在 1890 年提出了花园式广场，这种广场受到英国园林影响，注重绿化和游憩，它表现了欧式传统的广场与公园融合渗透的理念。在欧美城市中一些被称为"park"的开放空间与广场接近，也是源于这种理念。另外一些商业空间也融合了广场与公园特质，这种广场既符合公共空间的特征，也能够开展一些商业活动，具有"集市"和庆典活动的类型化特征。

国内的广场设计深受欧美广场与公园融合理念影响，是集娱乐休闲、集会、景观于一体的标志性公共空间。具有代表性的是各地政府建筑前或后一般会修建这类广场，如上海市人民广场，分为前广场和后广场，占地约 40hm^2，集中了公共设施、商业、公园等，已经成为上海老城中心地标，但是它缺少了芦原义信提到的建筑外墙围合封闭概念，由于有两侧树木遮挡，也能形成明确的空间领域。深圳的市民广场也是如此，将广场与公园融合成为充满活力的公共空间。范炜等（2016）指出此类"广场＋公园"融合类型能够灵活地与建筑和基础设施密切结合，同时也适应和塑造了紧凑的城市形态（图 2-25，图 2-26）。

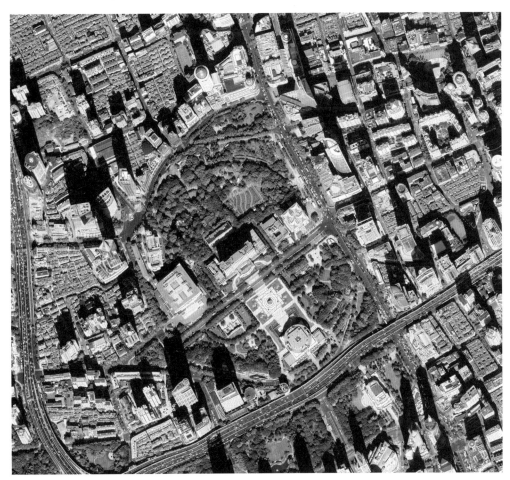

图 2-25 上海市人民政府前后广场
（图片来源：Google 卫星照片）

图2-26　深圳市民广场
（图片来源：Google 卫星照片）

　　城市广场是城市空间环境中最具有公共性、最富艺术魅力，也最能够反映现代城市文明的开放空间。按照功能划分城市广场可分为市民广场、商业广场、交通广场、娱乐休闲广场。

　　市民广场指用于政治、文化、宗教集会、庆典、游行、检阅、礼仪以及传统民间节日活动的广场。市民广场一般位于城市的核心，有着强烈的城市标志作用，是市民参与市政和城市管理的象征。通常，这类广场还兼有游览、休闲、形象等多种象征功能。这类广场通常尺度较大，长宽比例以 4~3、3~2 或 2~1 为宜。周围的建筑往往是对称布局，轴线明显，娱乐建筑和设施较少，主体建筑是广场空间序列的对景。

　　商业广场能够为街道活动提供公共开敞空间。商业广场通常设置于商场、餐饮、旅馆及文化娱乐设施集中的城市商业繁华地区，集购物、休息、休闲娱乐、观赏、饮食、社会交往于一体，是最能体现城市生活特色的广场之一。商业广场多结合商业街布局，建筑内外空间相互渗透，娱乐与服务设施齐全，在座椅、雕塑、绿化、喷泉、铺装、灯具等建筑小品的尺度和内容上倾向商业化、生活化，富于人情味。

　　交通广场是指几条道路交汇围合成的广场或建筑物前主要用于交通目的的广场，是交通的连接枢纽，起到交通、集散、联系、过渡及停车使用，可分为道路交通广场和交通集散广场两类。道路交通广场是道路交叉口的扩大，用以疏导多条道路交汇所产生的不同流向的车流与人流交通。道路交通广场常被精心绿化，或设有标志性建筑、雕塑、喷泉等，形成道路的对景，美化、丰富城市景观，一般不涉及人的公共活动。交通集散广场是指火车站、飞机场、港口码头、口岸、长途车站、地铁等交通枢纽站前的广场或剧场、体育馆、展览馆等大型公共建筑物前的广场，主要作用是解决人流、车流的交通集散，实现广场上车辆与行人有序通行。

娱乐休闲广场是城市中供人们休憩、游玩、演出及举行各种娱乐活动的重要行为场所，也是最使人轻松愉悦的一种广场形式。它们不仅满足健身、游戏、交往、娱乐的功能要求，还兼有代表一个城市的文化传统和风貌特色的作用。娱乐休闲广场的规模可大可小，形式最为多样，布局最为灵活，既可位于城市的中心区，也可以设置在一般街道旁。规划上对娱乐休闲广场宜采用规模适度、多点分散、适度围合的理念，尽量避免多于两条边面向交通干道布置。

南方城市可结合气候特点设置树阵广场，广场种植高大乔木，植物配置宜疏朗通透，选择具有地方特色的树种，乔木根部宜设与树池设计相结合的座椅。

需要指出的是，广场应加强管理，避免非广场性活动侵蚀广场的功能，如商业广场变成停车场空间（表 2-7）。

表 2-7　城市广场设计要求

类别	功能	集中绿地占广场总面积的比例	树冠对地面投影的绿化	服务半径 /m	设施要求	空间尺度（广场宽度与相邻裙房建筑高度的比例）
市民广场	集会、休闲	≥ 25%	≥ 30%	2000	公厕、饮水器、标志牌、垃圾箱、座椅、灯具、雕塑（或喷泉）、地下停车场	≥ 3
商业广场	休闲、娱乐	≥ 25%	≥ 30%	1000	饮水器、标志牌、垃圾箱、座椅、灯具	≥ 1
交通广场	集散、分流	≥ 10%	≥ 15%	2000	饮水器、标志牌、垃圾箱、座椅、灯具、地下停车场	≥ 2
娱乐休闲广场	休憩、锻炼	≥ 30%	≥ 40%	500	饮水器、标志牌、垃圾箱、座椅、灯具	≥ 1

（资料来源：编者根据《横琴新区城市设计导则》整理）

2.3.3 公园绿地规划管控

城市公园绿地是城市绿地系统的重要组成部分，是一类重要的城市游憩资源，其主要功能是供市民游憩、娱乐、休闲等，同时还具有改善生态环境、美化城市景观、增加休闲空间以及防震减灾等功能。城市公园绿地规划效果的好坏直接影响到城市环境质量和城市居民游憩活动的开展，并且对城市景观文化的塑造和城市风貌特色的形成具有重要影响。

有学者基于游客问卷调查数据发现城市公园需求本质是人们内心对自然的情感需求，是一种重要的非物质和非消费的人类需求，对城市居民来说是和吃、穿、住等物质需求一样的刚性需求。

国家标准《城市绿地分类标准》CJJ/T 85—2017 将城市绿地系统分为城市建设用地内的

绿地与广场用地和城市建设用地外的区域绿地两部分，其中城市建设用地内的绿地与广场用地可以分为 G1 公园绿地、G2 防护绿地、G3 广场用地、XG 附属绿地四大类，公园绿地又可以分为 G11 综合公园、G12 社区公园、G13 专类公园、G14 游园四个中类。由于 G11 综合公园、G12 社区公园、G13 专类公园是区别于街道自成体系，而 G14 游园（包含传统的带状公园、街头公园）与街道体系息息相关，正是这些游园丰富了街道界面，强化了街道色彩，成为迷人的街道重要内容，因此也是本书论述的重点。对于社区公园绿地缺乏的城市组团，规划上应鼓励利用街旁绿地建设口袋公园的形式解决居民对休息活动场地的要求。需要说明，广场与公园已经逐步融合，国家标准中也明确广场用地中绿地比例宜 >35%，其中绿地比例≥65% 的广场用地计入公园绿地中。

　　芦原义信在《街道的美学》一书中讨论下沉式庭院时提到城市公园采用"密接"手法，流行"袖珍公园"，他特别提到世界第一个真正意义上的袖珍公园（也称口袋公园）——佩雷公园（Paley Park）在美国纽约 53 号大街正式开园，标志着口袋公园的正式诞生。该公园占地仅 390m²，长方形（12m×32.5m），已经成为纽约市的标志之一。这个公园采用"密接"手法，纵使很小，但是它开敞、方便，比大而进入不便的封闭式公园要好，这就是"袖珍公园"的好处所在。他在这里重点提出公园的设计一定要开敞、交通便捷（图 2-27）。

图 2-27　纽约佩雷公园
（图片来源：https://www.sohu.com/
a/151289334_799574）

　　吴巧（2015）对国内外的口袋公园案例研究总结出 5 大特点：

　　一是规模小。对于口袋公园的规模，目前没有明确界定。他根据国内外口袋公园案例研究认为口袋公园的规模应在 400 ~ 10 000m²，即口袋公园的规模上限为 1hm²。

　　二是功能少。区别于综合公园的多功能，口袋公园主要提供简单而短暂的休憩活动，如饭后的散步、小坐或儿童的游戏等。功能少并不是功能单一，而是根据本片区使用者的需求进行针对性设计。如在商务区，口袋公园要重点考虑职员午间进餐、休息等需求；而在住宅区，则更多要考虑居民散步、健身、儿童游戏等需求。

　　三是符合人性化尺度。口袋公园中使用者的活动多以日常、高频率的活动为主，这要求公园内各种设施要符合人们日常使用的尺度和习惯。同时，在高强度开发区中见缝插针的口袋公园，以自身更亲切的尺度去缓解高密度建设对人们所形成的压力是非常必要的。

四是多样化场所。口袋公园多存在于高强度开发的城市地区，面临大量的潜在使用者，因此需要满足人群多样化的使用需求。场所的多样性体现在公园为多种类型活动提供发生的可能，主要通过不同空间的界定和相应设施的配置来实现。

五是社会性突出。口袋公园依赖本片区人口的使用，可达性要确保使用者通过步行快速到达，并承担较高强度的日常交往和社会活动使用。和传统公园相比，口袋公园要求设计师更加深入了解社区的居民构成和使用者的需求习惯。

在口袋公园的管理与建设方面，比较独特的是"私有公共空间"，这种公共空间就其产权而言属于开发商的私有物，但在其形态特征和管理使用上符合对公共空间"约定俗成"的认识，因而时常被称为"私有公共空间"（privately owned public spaces）。各地在规划层面也出台了相关规定，如《深圳市城市规划标准与准则（2013）》中提出除规划确定的独立地块的公共空间外，新建及重建项目应提供占建设用地面积 5% ～ 10% 独立设置的公共空间，建筑退线部分及室内型公共空间计入面积均不宜超过公共空间总面积的 30%。公共空间面积小于 1 000m^2 时，宜与相邻地块的公共空间整合设置。《珠海市城市规划技术标准与准则（2017）》提出居住小区用地规模达到 1.5hm^2 及以上时，应将不小于其总绿地面积的 10% ～ 15% 集中设置为开放式绿地（公共艺术空间、口袋公园），开放式绿地靠小区一侧可设置围墙，并由物业公司统一管理维护。开放式绿地应布置在小区边缘，呈块状布局，该绿地应两侧临街，条件不允许时，应保持至少一侧临街（图 2-28）。

从 2020 年初的新型冠状肺炎疫情对城市影响来看，封闭的小区将快递业务拒之门外，这种"私有公共空间"的存在，可以将快递柜等社区与外部沟通的要素安置在此空间，不失为应对公共卫生危机的良策，同时这种空间也可以成为社区居民晨练、广场舞等活动的优良场所，能够规避社区内部因健身活动过于吵闹而被禁止的尴尬。

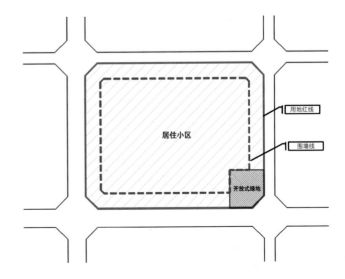

图 2-28　珠海市由用地单位提供公共绿地示意
（图片来源：《珠海市城市规划技术标准与准则》）

在海绵城市建设背景下，地方规划都要求增加海绵城市的规划设计。目前在街道层面的应用还是集中在小面积的"绿色街道"和"雨水花园"两个方面。翟俊（2015）提出把城市雨水管理基础设施和公园相结合打造"雨洪公园"，通过景观途径将营建城市公园与雨水管理基础设施建设相结合，在满足公园传统休闲娱乐功能的前提下，充分发挥公园在城市雨洪管理及调控方面的潜力，同时兼顾公园各种使用功能与雨洪工程的协调，让固定的公园空间在不同时期发挥不同的功能，形成一个集雨洪调蓄、污染阻隔、水资源循环利用、景观、休闲娱乐等多用途于一体的新型公园，从而在有限的公园用地上，综合地发挥其生态效益、社会效益和基础设施效益。规划应充分进行海绵城市规划论证，选择有条件打造"雨洪公园"的公园绿地系统，在规划阶段做一些控制引导。

2.3.4 公共通道规划管控

20 世纪 60 年代，为了应对机动化和郊区化发展趋势对城市中心区在交通、社会、经济和环境方面的挑战，北美各大城市开展了大规模的立体步行交通系统建设。随后，立体步行交通系统在土地资源紧张、人口密集的日本以及中国香港、中国台北等国家和地区得到很好的推广和应用。国内外许多城市的实践经验表明，在城市中心区建设由空中连廊、地下通道、地面有盖步道以及室内公共通道连接而成的立体步行交通系统，有利于缓解城市中心区普遍存在的交通拥堵、空气质量不佳、步行环境差等问题，能够营造人性化的、适宜人居的城市空间，促进城市低碳发展；对于活化城市中心区，提高城市中心区的吸引力和集聚能力，增强城市对于高端人群的承载能力等方面具有重要作用。

罗小虹（2014）在总结了国内外立体步行交通系统后指出立体步行交通系统对解决中心城区交通拥堵、步行环境差等问题有显著的意义：

一是实现了人车完全分离，提高了交通效率；

二是空中连廊和地下通道使沿线二层（或以上）和地下的物业也获得了与地面一层同样的商业价值，这也使中心区土地的综合开发得到极大提高；

三是因地制宜突出立体步行交通系统的设计特色，能够丰富城市整体的空间环境，提升中心区的城市形象；

四是连续的步行系统可以实现"晴天不打伞，雨天不湿鞋"的美好愿景，缩短地块之间的联系，解决居民生活和出行中的各种难题，提高中心区的活力，提高了居民生活质量，增强了人民群众幸福感。

本书提出的公共通道分为空中连廊、地下通道、地面有盖步行廊道和地块中公共步行道 4 种，公共通道应在城市设计中予以控制（表 2-8，图 2-29）。

（1）空中连廊

指在建筑物一层以上建设的、用于连接相邻非住宅建筑（市政设施除外）并供行人通行的封闭或半封闭空间，需结合建筑物的功能和建筑造型、色彩、建筑材料等要素进行设计，可结合建筑物尽量设置在其内部，步行空间的流线组织应简洁通畅。用地周边道路已规划人行过街系统的，空中连廊应在用地红线处与人行过街系统形成对接，其设置要求在规划设计条件中具体规定。

（2）地下通道

地下通道一般结合轨道站点、过街流量较大的点设置，通过连接道路两侧的非住宅建筑（市政设施除外）供行人通行的封闭空间，其空间可结合周边地块的地下空间设置商业设施。

（3）有盖步行廊道

有盖步行廊道为从小区出入口连通各栋建筑物供小区居民出入的开放空间，一般应设置于地面且不得设置围护结构，可利用底层架空层组织连通，如采用地下通廊的方式应尽量利用自然采光并做好通风。

（4）地块中公共步行道

公共步行通道设置在非住宅建筑（市政设施除外）用地中，主要功能是联系滨水开放空间和功能地块，同时兼作视觉廊道和通风廊道。拥有地块中步行道的地块一般地处滨水地区、临山地区或城市公园周边地区，建筑布局宜开敞通透，并结合步行通道提供视觉通廊，从而避免城市景观资源被连续的高层建筑所遮挡。

表 2-8　公共通道设计参数表

通道类型	设计参数	
	独立设置宽度	独立设置净高
空中连廊	不大于 6m，公共交通部分不小于 4m	大于等于 2.5m，整体高度不宜大于 5m
地下通道	不大于 6m，公共交通部分不小于 4m	大于等于 2.5m，整体高度不宜大于 5m
有盖步行廊道	不大于 4m，公共交通部分不小于 2m	大于等于 2.5m
地块中公共步行道	不小于 8m，宜为 15～20m	—

注：当空中连廊和地下通道结合设置商业时宽度和净高宜根据具体情况确定。
（图片来源：编者整理）

地面有盖步行廊道
地块中的步行道
二层步行连廊
人行过街天桥
人行过街地道

图 2-29　横琴新区公共通道规划管控
（图片来源：编者自绘）

2.4 交通空间规划管控

2.4.1 慢行空间规划管控

　　慢行空间宽度其实没有绝对值，应根据实际的慢行流量和用地条件综合确定。目前国内城市在道路提升改造过程中，往往牺牲慢行空间和绿化隔离空间为机动车道拓宽让步，种种行为让慢行交通优先理念落于空谈。

　　住房和城乡建设部在 2020 年 1 月 3 日发布《关于开展人行道净化和自行车专用道建设工作的意见》，明确改造道路人行道最小宽度不低于 2m，严禁挤占自行车专用道拓宽机动车道的建设行为，这些措施还有待各城市进行严格落地实施。其实对慢行空间的最小空间的控制，国家标准如《城市道路工程设计规范》CJJ 37—2012、《城市综合交通体系规划标准》GB/T 51328—2018 等均提出了明确要求，人行道最小宽度不应小于 2m，非机动车道最小宽度不应小于 2.5m。

　　国内外学者从人行舒适度角度出发提出了慢行空间宽度的参考值。美国学者西若·波米耶研究美国城市主要道路的人行道宽度，得出一系列经验数值，他认为理想的人行道宽度应有 15 英尺（约 4.5m），其中 10 英尺（约 3m）供行人通行及浏览店面橱窗；5 英尺（约 1.5m）作为人行道其他设施之用。如果还要摆放座椅和公共艺术品，则应宽 20 英尺（约 6m），要设置公共汽车候车亭，人行道则宜拓宽至 20 ～ 25 英尺（约 6 ～ 7.6m）。在我国，也有人认为人行道至少应有 3m 的净宽，当商店直接向人行道开门时人行道应加宽至 4m，摆放座椅时也应加宽 1m，如有绿化、自行车停放以及街道设施等，人行道宽度还应酌情增加。《道路景观设计》（日本）一书中从心里感知角度提出街道宽度中机动车道与人行道和非机动车宽度的分配比重影响步行者的心理感受，该书认为人行道宽度与街道宽度之间的比例在 1/4 左右比较适宜。需要注意的是这些慢行空间尺寸研究包含了建筑退让道路红线空间。

　　慢行空间的宽度控制理论计算、规范规定与实际建设还存在一定的差距，编者结合南方诸多城市的现状街道慢行情况，考虑城市用地集约节约，给出普遍适用于各城市的慢行空间宽度值。值得注意的是，慢行空间的宽度需要满足慢行通行的流量，而慢行流量与周边用地的环境密切相关。传统的城乡规划在考虑道路系统布置时，一条道路往往给定一个标准横断面，缺乏对两侧用地的环境考虑。结合本书提出的街道界面分类概念，编者提出慢行空间的宽度也应结合用地环境而有所不同，即需要突破现有传统城乡规划标准横断面的理念，按照街道类型进行分界面的道路慢行尺寸控制（表 2-9）。

表 2-9　街道慢行空间控制宽度要求

街道界面类型	等级分类	慢行空间			
		人行道 /m		非机动车道 /m	
		最小值	推荐值	最小值	推荐值
交通型	快速路	2	3	2.5	3.5
	主干路	2	3	2.5	3.5
商业型	主干路	2	5	2.5	3.5
	次干路	2	5	2.5	3.5
	支路	2	5	2.5	2.5
居住型	主干路	2	3	2.5	3.5
	次干路	2	3	2.5	3.5
	支路	2	3	0	2.5
景观型	主干路	2	4	2.5	3.5
	次干路	2	4	2.5	3.5
	支路	2	4	2.5	3.5
工业型	主干路	2	3	2.5	3.5
	次干路	2	3	2.5	3.5
	支路	2	3	0	2.5
综合型	主干路	2	3	2.5	3.5
	次干路	2	3	2.5	3.5
	支路	2	3	0	2.5

注：①本表中推荐尺寸综合考虑了慢行空间的通行需要及地下管线的排布需要；
　　②对于条件受限的街道视情况进行调整。
（图片来源：编者研究整理）

2.4.2　机动车交通空间规划管控

机动车道宽度原则执行《城市道路工程设计规范》CJJ 37—2012 要求，结合道路等级和车速的限定对车道宽度进行规定如表 2-10 所示。

表 2-10　新建道路路段一条机动车道尺寸

道路等级		内侧 /m	中间 /m	外侧 /m
快速路	主路	3.5	3.5（3.75）	3.75
	辅路	3.25	3.5	3.5
主干路		3.25	3.25（3.5）	3.5
次干路		3.25	—	3.5
支路		—	—	3.25（3.5）

注：括号外数值代表小客车专用道宽度；括号内值代表大型车或混行道宽度。
（图片来源：编者研究整理）

这里需要指出的是，缩减单条机动车道的宽度已经成为国内外城市交通的共识，并在许多城市道路上得到良好应用。如北京对设计时速 40km/h 及以下的道路单条车道宽度已经缩窄为3m；深圳也经过研究提出次干路及支路单条车道宽度缩窄为 3m；浙江省出台了地方行业标准《城市道路机动车道宽度设计规范》DB33/1057—2008，该规范对支路单条车道最小控制在 2.75m；武汉市于 2012 年 1 月 9 日发布了《武汉市城市道路车道宽度技术规定》WJG215—2012，该规定对设计时速 40km/h 以下的道路单条车道设计宽度定为 3m，南京 2007 年编制实施《南京市城市道路交通工程设计与建设管理导则》，该导则对内侧车道宽度规定为 3m。

通过这些城市在缩窄机动车道方面的尝试，总结以下特点：

（1）车道通行能力略有下降

有相关研究表明，道路路段的通行能力与车道宽度之间存在着下述关系（表 2-11）：

表 2-11　车道宽度与通行能力之间的关系

车道宽度 /m	HCM1994	目前研究结果
3.60	1.00	1.00
3.25	0.93	0.96
3.00	0.84	0.89
2.75	0.70	0.78

（资料来源：编者研究整理）

研究表明，车道缩窄后，车道通行能力略有下降。但主干路、次干路等信号灯控路段，其通行能力主要受路口限制。适当压缩车道，可提高司机警惕，规范驾驶行为，减少相关事故。

（2）道路服务水平得到提升

北京西路路面宽度为 16m，双向 4 车道，压缩单条车道宽度至 2.67m 变为双向 6 车道，使高峰期通行时间缩减一半，拥挤排队长度缩短 200m；长沙的五一大道压缩单车道宽度，变双向8 车道为双向 10 车道，一直延伸至交叉口，使一个绿灯时间内的车辆通行数增加 30 ~ 40 辆；上海交通管理部门改共和新路双向 6 车道为 8 车道，单车道宽度由 3.75m 降至 2.8m，使高峰小时机动车交通量增加 16.4%，事故率也有明显的下降。

通过上述国内城市的应用实例可以说明，在进行道路的改造过程中，利用适度的压缩车道宽度以增加车道数的方法对改善城市道路的交通拥堵、提高道路服务水平方面有明显的成效。

（3）控制行驶车速

通过调查所得的行驶车速可知，随着车道宽度的增加，平均行驶车速是逐步提高的，这说明车道宽度的改变对行车速度有一定的影响。但是从另一个角度来讲，道路越宽，行驶车速增加，市政道路行驶速度过快通常会带来交通安全等方面的负面影响，造成交通安全事故的增加，不利于"以人为本"原则的体现。

　　上海市基于实测数据的车道宽度研究发现，3.25m、3.5m 宽的车道其小型车速度分布主要集中在 30 ～ 50km/h，2.8m 宽的车道对应的速度分布主要集中在 24 ～ 45km/h，当速度大于 50km/h 时，在相同的速度水平下，累计频率以 2.8m 宽的车道最低，另外两条曲线分布差别不大。中大型车的速度分布明显低于小型车，3.25m 宽与 3.5m 宽的车道所对应的速度累计频率曲线差别仍然很小，行车速度主要集中在 30 ～ 50km/h，2.8m 宽的车道所对应的速度分布主要集中在 22 ～ 40km/h，该车道的平均速度明显低于另外两条车道。研究表明，车道宽度降低，行车速度也会随之降低。但是影响程度并不是很大，就算车道宽度由 3.5m 缩减至 2.8m，小客车的行车速度仅降低了 5km/h 左右。

　　（4）交通事故率下降

　　目前，国外如美国、日本 3m 车道比较普及（小型车专用），日本提出"要把城市道路轨道化"。国内城市如青岛、广州、南京的试验证明，窄化车道能够有效引导驾驶员谨慎驾驶，控制车速，不随意超车、挤车从而减少或避免交通事故。

　　（5）人行过街时间缩短

　　人行过街时间与车道宽度直接相关，随着车道宽度缩窄，人行过街距离显著缩短，人行过街时间显著减少，同时提高人行过街安全性，经济社会效益显著。

　　因此，适当缩减车道宽度，一方面能够节约道路资源，减少道路建设成本，另一方面能够控制车速，降低事故率，提高道路服务水平，缩短过街时间，经济社会效益显著。

　　基于以上认识，商业、生活服务以及历史文化风貌保护区的景观休闲街道，行人往往较多，人行过街比较频繁，对步行、骑行交通及环境的要求高，对于其次干路、支路等可以采用推荐的低值设计；改造类街道其建设条件受限的情况，经充分论证，在满足行车安全的条件下，可以适当降低标准，但不宜低于 3m。

2.4.3　公共交通空间规划管控

　　公共交通规划中对街道有显著影响的为公交中途站，公交首末站、停车场一般位于独立的地块，有专业的规范标准进行规定，因此本书仅关注公交中途站。

　　常规公交中途站可划分为直接式和港湾式，城市主、次干路和交通量较大的支路上的车站，宜采用港湾式。

　　从规划管理建设工作来看，港湾式公交站在道路改造建设过程中往往存在诸多痛点，一是协调周边用地困难；二是严重挤占既有的慢行空间，降低慢行空间品质甚至阻断慢行空间的连续性。因此在城乡规划阶段需要对港湾式公交站点进行红线管控。

　　一般来说，高等级的道路可以通过压缩慢行空间和绿化隔离设施空间实现港湾式公交站点的设置（图 2-30），但是对于红线受限的道路，需局部拓宽道路红线（图 2-31）。为了满足港湾公交站建设用地需要，规避建设过程中占用已出让地块，在规划控制阶段应按照以下标准进行道路红线控制：

商业型街道界面人行道＋非机动车道＋设施带＋隔离带总宽度 ≤ 12.5m 时，道路红线宽度需要拓宽，拓宽宽度不小于 3m。

交通、居住、景观、工业、综合型街道界面人行道＋非机动车道＋设施带＋隔离带总宽度 ≤ 10.5m 时，道路红线宽度需要拓宽，拓宽宽度不小于 3m。

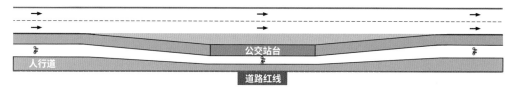

图 2-30　通过压缩慢行空间、绿化隔离设施设置公交港湾站示意
（图片来源：编者自绘）

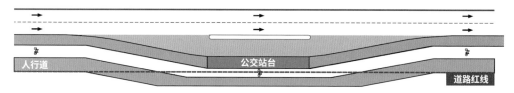

图 2-31　需要拓宽道路红线设置公交港湾站示意
（图片来源：编者自绘）

2.4.4 绿化隔离带

城市道路隔离常见形式有绿化分隔带、栏杆、标线等；南方许多城市还有采用混凝土墩隔离形式的，这种隔离给人一种灰色、冰冷、单调感，身处于此街道中，有一种催促行人尽快离开的感觉，丧失了街道场所感，故城市街道不建议采用这种隔离形式。由于栏杆、标线等是在道路建成后视具体情况加装的，城乡规划管控更多的是对绿化分隔带的控制，因此本书隔离设施专指绿化分隔带。

道路绿化景观的质量直接影响到城市的环境质量和城市景观面貌。正如简·雅各布斯在《美国大城市的死与生》中表达的那样，"如果一个城市的街道看上去很有意思，那这个城市也会显得很有意思；如果一个城市的街道看上去很单调乏味，那么这个城市也会非常乏味单调。"在她想表达的街道对人的吸引力中，道路的绿化景观无疑是重要的组成部分。徐磊青等（2017）通过虚拟街道模拟得出街道的绿化景观是排在建筑界面影响因子之后对街道迷人特质起重要作用的因子，因此想要打造有吸引力的街道，绿化景观是考虑的重中之重，而道路的绿化分隔带就是绿化景观的重要载体。

绿化分隔带分为机非分隔、中央分隔、主辅分隔（快速路断面形式）三种。主要将道路在断面上进行纵向分隔，使机动车、非机动车和行人分道行驶，提高道路交通安全性，同时它还有改善交通秩序、美化街景、净化空气、减弱噪声、滞尘、改善小气候、防风防火等诸多作用。

绿化分隔带的宽度并无明确的规定。在《城市道路工程设计规范》CJJ 37—2012 中对分隔带最小宽度定义为 1.5m，《城市道路绿化规划与设计规范》CJJ 75—97 中规定种植乔木的分车绿带宽度不得小于 1.5m，主干路上的分车绿带宽度不宜小于 2.5m，行道树绿带宽度不得小于 1.5 m。编者结合规划道路红线宽度情况、园林景观对绿化隔离带宽度要求以及实际道路建设情况，分别给出不同道路等级的隔离带宽度。

表 2-12　绿化隔离空间尺寸要求　　　　单位：m

| 道路等级分类 | 绿化隔离空间 | | | | | | 机非分隔带（树池型） |
| | 中央绿化分隔带 | | 主辅绿化分隔带 | | 机非分隔带（绿化带） | | |
	最小值	推荐值	最小值	推荐值	最小值	推荐值	
快速路	2	8	5	10	3	3	—
主干路	2	4	—	—	3	3	—
次干路	—	3	—	—	2.5	3	—
支路	—	—	—	—	—	—	1.5

注：　"—"表示对应该等级道路可不设置此空间。
（资料来源：编者研究整理）

需要指出的是，在城乡规划阶段考虑的道路绿化隔离带主要受道路绿地率的控制。道路绿地率是指道路红线范围内各种绿带宽度之和占总宽度的百分比。《城市道路绿化规划与设计规范》CJJ 75—97 明确园林景观路绿地率不得小于 40%；红线宽度大于 50m 的道路绿地率不得小于 30%；红线宽度在 40~50m 的道路绿地率不得小于 25%；红线宽度小于 40m 的道路绿地率不得小于 20%。

这里需要对绿地率、绿化覆盖率、绿视率三个概念进行甄别。绿化覆盖率是指绿化垂直投影面积之和占整个用地的比率，概念较为宽泛，大致长草的地方都可以算上绿化，如露天生态停车场、屋顶绿化等，一般多用于建设用地项目，在城市道路中一般不采用。绿视率这一概念最早由日本学者青木阳二（1987）提出。绿视率指的是视域中绿色面积占整个视域的比值。绿视率值的大小影响人对空间的感受。徐磊青等人（2017）通过建立 15 个街道的虚拟模型并用 VR 头盔进行模拟分析得出绿视率高（25% 左右）的街道，其吸引力也越强，而绿视率低的街道则了然无趣。绿视率一般用于街道建成后的评估，在规划建设阶段操作性不强，因此城乡规划中对道路依然采用绿地率指标控制。

虽然国家规范标准对道路绿地率有严格规定，但是在道路具体实施过程中依然存在一定的困难，特别是对改造的道路来说，拓宽道路空间首先牺牲的就是道路绿化隔离带。在城市道路绿化美化过程中，许多学者也对这一强制性规定提出质疑，特别是对商业型街道来说，不恰当的绿地控制会给商业活力氛围带来消极影响。参考欧美、港澳地区较多城市的街道，某些道路绿地率少得可怜，但是并不影响其成为伟大的街道，因此针对道路绿地率的控制宜结合两侧用地环境和街道界面进行灵活控制，且商业型街道界面要求道路慢行空间与建筑退让空间一体化设计，其道路绿化与建筑前区绿化也应一体化设计，在计算这类道路绿地率指标时宜将整个街道空间的绿地指标纳入计算。

在海绵城市建设背景下，道路低影响开发成为热点。街道的雨洪管理常见的技术手段有下沉式绿地、生物滞留设施、透水铺装、植草沟、生态树池、雨水花园等。其中道路绿化分隔带较常用的雨洪管理措施有下沉式绿地、生物滞留设施、生态树池等（图2-32）。

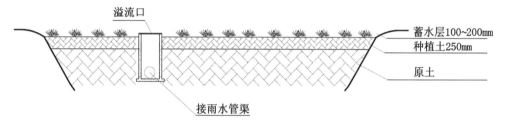

图2-32 下沉式绿地典型构造示意
（图片来源：《海绵城市建设技术指南——低影响开发雨水系统构建（试行）》）

城乡规划需要统筹协调规划范围内地块、道路、绿地、水系等布局和竖向控制，有效衔接不同海绵设施，合理确定海绵设施类型及规模，对海绵设施建设用地予以控制。作为城市街道规划，应在上位海绵城市专项规划基础上结合自然地形、雨水管网、河流水系等划定汇水分区、排水分区，制定源头减排—过程控制—系统治理的全过程工程体系，通过量化计算识别生态型街道，纳入海绵城市建设要求（图2-33）。

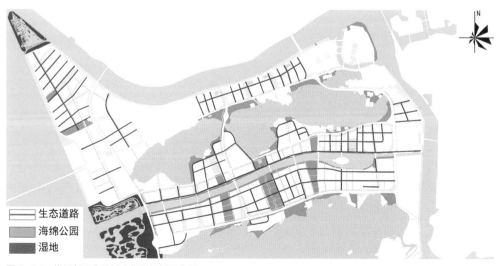

图2-33 横琴新区海绵城市街道规划示意图
（图片来源：编者自绘）

2.4.5 交叉口空间规划管控

交叉口空间规划包括立体交叉口及平面交叉口，立体交叉口在国家行业规范标准中有明确的规定，城乡规划中一般也有明确用地及形态控制，在规划实施过程中均能够得到较好的落地。而数量巨大的平面交叉口，现有的规划管控略显薄弱，一是没有明确交叉口交通组织形式，精细化管控不够，二是对需要渠化拓宽的交叉口在规划管控中未能进行严格的用地控制，导致实施过程中需要占用部分退让空间。因此本书主要基于平面交叉口进行规划管控及设计指引。

根据《城市道路交叉口规划规范》GB 50647—2011，平面交叉口的控制形式一般划分为信号控制交叉口、无信号控制交叉口和环形交叉口，其中信号控制交叉口又可分为进、出口道展宽交叉口和进、出口道不展宽交叉口，无信号控制交叉口又可分为支路只准右转通行交叉口、减速让行或停车让行交叉口和全无管制交叉口 4 种。

基于精细化的管控要求，城市街道交叉口管控不仅与交通组织有关，更与周边用地及环境相关。国外城市街道设计大量应用交叉口缩窄化设计，这些也在广州、深圳等国内大城市得到成功应用。因此本书提出在规划阶段平面交叉口控制形式需要考虑缩窄式交叉口形式。

根据国外缩窄式交叉口设计经验，交叉口缩窄适用于有路内停车或机非混行的路段，一般结合交叉口整体抬升设计。

交叉口缩窄仅对机动车道边线缩窄，交叉口道路红线不予缩窄。缩窄后的交叉口进口道数量与路段相同。

规划控制缩窄交叉口长度（L）宜按照表 2-13 执行，缩窄宽度（B）与路内停车带宽度或者机非混行道的非机动车道宽度相等（图 2-34）。

表 2-13　新建缩窄交叉口长度控制指引

道路等级	窄化段长度 L/m
次干路	15 ~ 20
支路	10 ~ 15

（资料来源：编者研究整理）

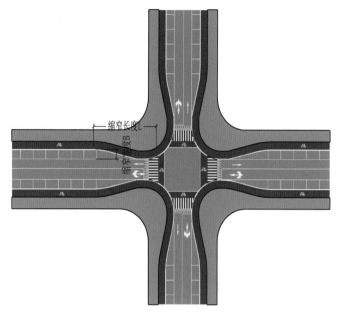

图 2-34 交叉口缩窄示意图
（图片来源：编者自绘）

在城乡规划控制阶段，应对平面交叉口进行交叉形式的管控，特别是对需要展宽的交叉口、缩窄的交叉口，在图则编制时应对交叉口的道路红线进行控制（图 2-35）。

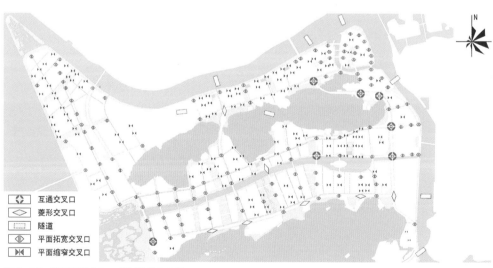

图 2-35 横琴新区交叉口规划管控示意图
（图片来源：编者自绘）

交叉口路缘石转弯半径宜根据《城市道路交叉口规划规范》GB 50647—2011 确定。该标准依据右转弯计算车速选择的半径值，在城乡规划阶段，该标准操作性不强，可参照表 2-14 进行规划控制。

表 2-14　交叉口路缘石转弯半径规划控制建议

道路等级	路缘石转弯半径 /m
主—主	20
主—次	20
主—支	15
次—次	15
次—支	10
支—支	6

（资料来源：编者研究整理）

对于在工业园区或者货运通道上应保障大型拖挂车辆转弯需求的交叉口，规划建议可采取较大尺度的半径控制，路缘石转弯半径可采用 25m。

需要说明的是，目前国家规范对交叉口路缘石转弯半径按照右转弯设计车速和有无非机动车道进行选取，实际交叉口路缘石半径需要综合考虑过弯车速、车辆类型、车道宽度、人行过街、路面情况以及驾驶人安全感知等众多因素。目前基于现有车辆稳定性的理论及仿真计算，交叉口转弯半径还可以在规范基础上进一步缩减。上海和广州已经进行了大量的小转弯半径实践，实践表明转弯半径小会引起驾驶员的警惕性，降低右转车速，反而能提高交叉口过街安全性。同时《上海市街道设计导则（2016）》指出减小转弯半径，可以进一步压缩交叉口用地，集约节约城市用地资源。上海市在地方标准《街道设计标准》DG/TJ 08—2293—2019 中规定对街道路缘石转弯半径有非机动车道情况下取 5～10m。因此本书提出，对于商业、居住、综合型街道等人流量较大，大型车辆少、道路等级低的街道平面交叉口转弯半径可适当进行压缩。参考《广州市城市道路全要素设计手册（2018）》对小转弯半径的建议取值如表 2-15 所示。

表 2-15　小转弯半径控制

交叉口情形	路缘石半径推荐值 /m
无右转交通流的交叉口转角	0.5～1
支路之间的路口、有非机动车道的交叉口	5
交通量较大的支路与主次干路之间的交叉口	5～8
公交车或其他大型车需经常转弯的交叉口	10～15

（资料来源：根据《广州市城市道路全要素设计手册》整理）

2.4.6 路内停车规划管控

停车规划应构建以配建停车为主、公共停车场为辅、路内停车为补充的多级停车系统。目前的规划体系主要考虑配建停车、公共停车两种形式，对路内停车主要结合实际运作需求由管理部门进行临时设置。

阿兰·B.雅各布斯在《伟大的街道》一书中对街道内停车提出了批评，他总结伟大的街道空间不会提供大量的停车位。如前述章节建筑前区规划所述，目前珠海市的建筑退让道路红线空间较大，建筑前区基本成为停车空间，与北美的街道有些类似。阿兰·B.雅各布斯在针对这类有停车空间的街道补充说明，假如设计者把所有停车位或者其他停车设施安排到店铺的后面，则这些店铺将都会朝后街开门，而原来规划的前街则变得死气沉沉。这一现象表明停车设施与商业设施有较大的关联。珠海市某些缺乏停车位的商业街道活力明显不如有大量建筑前区停车的商业街道。但是正如前述章节所讲，建筑前区停车虽然为商家带来了客流，但却对街道的整体景观和公共空间质量产生了消极影响。

珠海市现状设置了大量的路内咪表停车，且产生了较好的经济社会效益，但是珠海目前的发展趋势还是严控路内停车，乃至呼吁全面取消路内停车。从街道功能使用需求出发，即使规划充分考虑了配建停车位，一些临街商业对路内停车所具有的短时停放功能仍有刚性需求，全面取缔路内停车既不现实也不合理。

考虑既有超大尺度的退让空间停车需求，本书结合实际情况提出两种路内停车设置方案：第一种为传统的路内停车带，占用道路车行道资源进行停车，此种情况适用于有临街商业的支路、部分景观型、综合型支路（图2-36）；第二种为已经规划有大量退让空间的道路，结合退让空间进行港湾式停车改造，此种情况适用于有临街商业的支路、次干路，已经按照规划标准进行退

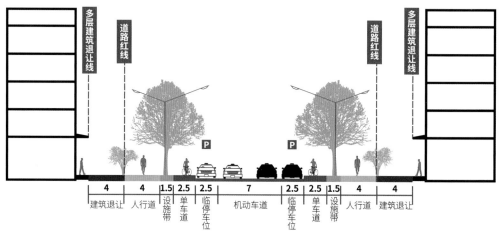

图2-36　传统路内停车带断面示意
（图片来源：编者自绘）

让建设完成的道路以及道路红线和建筑退让距离均不可调整的道路（图 2-37）。规划阶段应对路内停车有需求的街道进行识别，将这两种停车形式在技术图纸及管理图则中进行表达，并在街道断面规划中予以体现（图 2-38）。

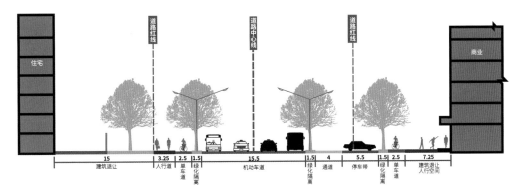

图 2-37　结合退让进行路内停车设置断面示意
（图片来源：编者自绘）

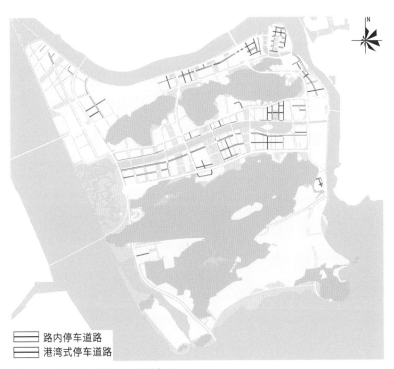

路内停车道路
港湾式停车道路

图 2-38　横琴新区路内停车规划布局
（图片来源：编者自绘）

2.5 街道规划与城乡规划的协调

将上述街道规划管控的内容融入现行城乡规划编制体系中，可对城市进行精细化的规划管控。街道规划首先要解决的问题是如何在城乡规划体系框架下，有效地进行街道功能划分及规划管控。虽然街道分类及界面化的管控方法提供了具体操作手段，但是如何结合以上的街道规划管控内容在城乡规划用地图中进行带指标的规划管控仍需要细化研究。

从街道界面化的管控方法出发，面对传统的城乡规划土地利用图，我们通常直接得到用地与路网相关信息。提取用地性质、长度、高度、建筑功能等可控参数在规划用地图上进行街道功能的划分，然后再与土地利用规划图、交通规划图反馈校核，最后形成一张融入街道管控内容的城乡规划用地图。在街道规划的具体应用中应将用地、长度、尺度等规划管控指标进行详细研究，指导街道功能的划分管控。

城乡规划管控图纸可以结合街道规划内容进行优化，如在规划技术图纸中可以引入街道界面管控、路内停车规划、交叉口控制规划（含展宽和缩窄控制）、建筑前区与道路慢行一体化控制规划、绿地广场规划、街道断面规划、建筑前区遮蔽控制规划、商业外摆控制规划、商业业态引导性规划，在规划管理图纸中强化沿街建筑密度管控、平面交叉口用地红线控制、港湾式公交站红线控制、界面密度、贴线率、街墙高度、透明界面、店铺密度、地块出入口数量等控制指标内容（如附图示，横琴新区城市设计导则深度融入街道规划管控内容）。

需要说明的是，这些规划控制要素更多适用于城市增量空间的规划，对于存量空间的规划，宜因地制宜结合场地条件进行街道精细化的设计与规划管控。

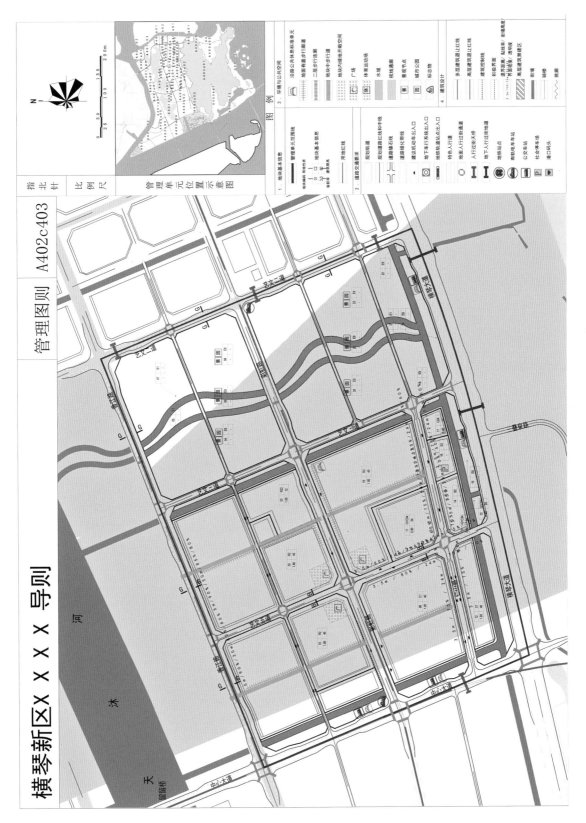

横琴新区×××导则

管理图则 A402c403

天 沐 河

留诏桥

中心大道

2.5.1 街道分类控制性指标

2.5.1.1 基于街道分类的用地兼容性

龙瀛等（2016）对成都和北京采用手机信令、地图 POI、现状用地分类等数据信息进行街道活力的指标量化计算，研究结果表明与商业中心的距离、功能混合度和功能密度是影响街道活力的最主要因素。而功能混合度和功能密度与周边地块性质息息相关，考虑前文街道界面的划分方法，可对街道界面类型与土地兼容性进行评估，以城市土地利用规划为基础指导街道类型的具体布局。

街道界面类型与周边用地性质的兼容参照表 2-16 执行。

表 2-16 街道界面类型与用地兼容性

街道界面类型	用地类别									
	R	A	B	M	W	S	U	G	H	E
商业型	○	○	●	×	×	○	○	○	×	○
居住型	●	○	×	×	×	○	○	○	○	○
景观型	○	○	○	×	×	○	○	●	○	●
工业型	○	×	×	●	●	○	○	○	○	○
综合型	○	○	○	○	×	○	○	○	○	○
交通型	○	○	×	○	○	○	○	○	○	○

注："●"表示以此类用地功能为主；
　　"○"表示可以兼容此类用地；
　　"×"表示不兼容，不允许。
（资料来源：编者整理）

从城市规划用地的角度来看，一条街道的两侧用地通常都是混合的，但是街道的活力更多是与底层界面功能性质相关，因此有必要对街道界面与沿街底层功能性质做一个定性定量的分析。

编者尝试选择珠三角部分典型的商业街道，从三个指标中提出一些共性特征便于指引城乡规划设计。根据工作日和休息日人流热力图进行街道有效长度的识别，对建筑底层功能密度、建筑底层临街面的透明度通过 Google 街景、百度街景识别及部分街道现状调研整理如表 2-17 所示（其他街道宜采用相同方法，下文不再赘述）。

表 2-17 商业型街道界面与底层建筑功能案例研究

街道名称	有效长度 /km	建筑底层商业比例	建筑底层临街面透明界面比例
纽约第五大道	0.8	98%	93%
旧金山市场街	0.8	95%	91%
巴黎香榭丽舍大街	1.1	85%	83%
伦敦牛津街	1.64	98%	95%
东京新宿大街	0.91	83%	70%
北京西单	1.6	65%	50%
上海淮海路	2.5	88%	82%
珠海凤凰路	1	75%	65%

（资料来源：编者整理）

通过以上案例研究，编者认为商业型街道界面应以复合用地为主，建筑底层商业比例不低于70%，底层非积极界面（如围墙）长度占整条商业街长度的比例应控制在 10%。

目前针对居住型街道的研究成果不多，考虑居住型街道一般都会设置服务于社区的小型商业，有必要对居住型街道与商业型街道进行严格区分，编者基于城市规划的角度，从封闭式沿街界面（一般为围墙）与开放式沿街界面比例来划定居住型街道，选择日本大阪敷津西二丁目道路、上海雁荡路、上海桃江路、广州荔湾路、珠海夏美路等作为居住型街道研究对象，寻找用于城市规划管控的定量化的指标。

表 2-18　居住型街道界面与底层建筑功能案例研究

街道名称	有效长度 /km	居住比例（围墙）	底层商业（生活服务型）比例
日本大阪敷津西二丁目道路	0.4	38%	25%
上海雁荡路	0.34	44%	47%
上海桃江路	0.2	40%	30%
广州荔湾路	0.55	36%	27%
珠海夏美路	0.75	60%	7%

（资料来源：编者整理）

通过以上案例研究，编者认为居住型街道界面应以居住用地为主，非开放式界面（如围墙）比例不低于40%，临街面建筑底层商业比例不高于40%。

目前针对工业型街道的研究成果也不多，相对来说工业型街道一般处于工业园区内部，主要服务于工业区内部，对城市景观要求不高，在对这一类型街道识别中，以两侧用地为主，相对来说较为容易。

交通型街道界面主要依据的交通功能，可将城市快速路、交通性主干路两侧界面全部纳入交通型街道界面，对用地管控可参照表 2-16。

综合型街道界面受土地利用及沿街建筑底层界面复杂性影响，在无法明确商业型街道界面、居住型街道界面、景观型街道界面和工业型街道界面以及明确排除不属于交通型街道界面的情况下，全部纳入综合型街道界面管控，因此不做用地指标管控要求。

需要对容易混淆的街道类型划分进行详细说明的是景观型街道界面。景观型街道界面划分的显著特征指道路红线外设置有景观绿地公园、滨水等开敞空间，并不是指道路红线内的绿化景观。当然景观型街道设计需要注重道路红线内的绿化景观设计。

景观型街道与交通型街道、其他类型街道在规划层面可按照以下进行区分：

从功能主导性来区分景观型街道与交通型街道。在城乡规划中一般对高等级道路两侧建筑退让空间中规划设置较宽的绿化带，当其作为防护绿带使用时，可将街道界面类型定义为交通型街道界面，当其作为公园绿地使用时，可将街道界面类型定义为景观型街道界面或者综合型街道界面。这主要取决于街道的设计首要因素是考虑交通性还是道路周边的环境（图 2-39）。

a. 交通型街道界面　　　　　b. 景观型街道界面

图 2-39　不同功能道路绿带可定义不同类型的街道界面
（图片来源：编者自绘）

从绿化带宽度来区分景观型街道和其他类型街道。一般来说，一定宽度的绿化带可以打造成带状公园，吸引行人停留，同时较宽的绿化带使整个街道宽度加宽，这样会降低街道的围合感，反过来促使街道的开敞，更有利于向景观型街道打造。问题是多宽的绿化带才能界定景观型街道和其他类型的街道。H. 梅尔滕斯对人类视觉距离限制进行了研究。他认为"由视觉几何规定的限制制约着城市尺度的变化"，30m 左右是能够互相看清对方的尺度，35m 就无法识别人的面部。

表 2-19　视觉限制尺度研究

尺度数值 /m	视觉限制
12	无法看到人的面部表情
22.5	无法辨别此人是谁
35	无法识别人的面部
135	无法认出人体的姿势
1200	无法看出并认出人群

（资料来源：按照 H. 梅尔滕斯研究结果整理）

上述研究表明，30m 是人所能辨认的极限尺度，若建筑物处于此范围内，行人还能观测到建筑的细部，此空间由树木和建筑之间仍可形成适度围合感，而超过此尺度，会给人开敞的感觉。因此，本书建议以 30m 绿化带宽度区分景观型街道和其他类型街道。

2.5.1.2　基于街道分类的用地规划控制条件

不同的街道界面类型，沿街地块规划许可条件和路内交通许可条件略有不同，制定不同的街道界面类型与沿街用地规划控制条件的相关性可以指导城乡规划编制中对地块的详细控制要求。

街道界面类型与周边用地规划控制宜参照表 2-20 执行。

表 2-20　街道界面类型与周边用地规划控制要求

街道界面类型	规划控制要求		
	地块机动车开口	路内停车	围墙
商业型	√	√	○
居住型	√	○	√
景观型	√	√	×

街道界面类型	规划控制要求		
	地块机动车开口	路内停车	围墙
工业型	√	√	√
综合型	√	○	√
交通型	×	×	√

注："√"表示许可，允许建设 / 设置的项目；"×"表示不许可，通常情况下不允许建设 / 设置的项目；
　　"○"表示有条件许可，视具体情况和规划要求建设 / 设置的项目。
（资料来源：编者整理）

需要指出，商业型街道界面理想状态应该是全开放的积极界面，但在城乡规划实际工作中，一条商业型街道界面难免会有部分不积极的界面形式，编者对国内外商业型街道界面侧的用地进行研究发现，商业型街道界面的不积极界面比例一般不高于 10%，因此对于商业型街道界面，其不积极的界面（如围墙、建筑实体墙）长度比例应控制在 10%。

2.5.2 街道长度

雅各布斯在《伟大的街道》中对于街道的长度具体应该定多少并无定论，街道可长可短。但是过长的街道如果在细节上过于重复，街道的个性就荡然无存，因此在对尺度过长的街道规划设计中应谨慎对待，必须在某些节点上制造一些变化，以使行人的兴趣不至于流失太多。其他学者基于街道尺度感和步行适宜度对街道的长度进行过研究，如克里夫·芒福汀认为："街道的连续不间断长度的上限大概是 1 609m（1 英里），超出这个范围人们就会丧失尺度感，这也许代表了公共空间人类尺度的限定"。扬·盖尔认为"从体力上来说，步行也是有条件的，大多数能够或者乐意走的距离是有限的"，"对大多数人而言，在日常情况下步行 400 ~ 500m 的距离是可以接受的。对儿童，老人和残疾人来说，合适的步行距离通常要短得多"。李飞（2003）提出的商业街的长度、宽度、高度"三个维度"具有较强的规划操作性，他结合部分专家对人体运动的研究指出：一般人而言，走 2 600 ~ 2 700m 的时候，腿会有点酸，走到 4 000m 的时候，会感到累，走到 6 000m 时会筋疲力尽。因为人们逛商业街，走的是"之"字形路，加之店里的步行距离，人们要逛完一条商业街，至少是街道长度 4 倍以上距离。因此，商业街最好不超过 1 000m。因此，大部分学者都认为 1 500m 左右作为一种人的尺度是反映在视觉生理上的尺度限制。

这里需要明确，这些研究多基于商业型街道界面人们逛街步行的感受，因此，原则上可对商业型街道界面的长度进行界定：

商业型街道界面长度不宜超过 1 500m（或 5 ~ 6 个街区），且不宜小于 600m（或 2 ~ 3 个街区）。

在实际规划项目中，特别是对建成区规划，商业型街道界面长度可能会达到建议值的数倍或者比建议值小，虽然不推荐此类做法，但是在规划设计中应对此类街道加以灵活处理。参考雅各布斯在《伟大的街道》提到的街道变化处理方式，可以是某个街头小品，可以是某个标志性建筑，可以是公园绿地，也可以是某个特异性的交叉口（如带有过街天桥的交叉口）。总之，一条街道应体现出变化，在城乡规划阶段可考虑对过于长的商业型街道分段分类，分段赋予商业主题，在城市设计阶段及工程设计阶段对两段商业街道转换节点进行合理处理以符合行人逛街体验（图2-40）。

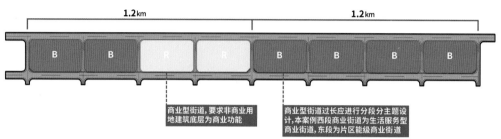

商业型街道，要求非商业用地建筑底层为商业功能

商业型街道过长应进行分段分主题设计,本案例西段商业街道为生活服务型商业街道,东段为片区能级商业街道

图2-40　街道划分分段控制示意
（图片来源：编者自绘）

目前针对景观型街道的研究还处于定性研究阶段，一般将景观型街道关键的景观要素划分为自然景观和人工景观，可用于指导城乡规划进行景观街道分类的方法不多。在对国内外比较著名的景观街道考察后，可以看出景观街道重点在道路两侧的景观设计，其核心景观线占整体街道长度影响游客对景观街道的感受，因此，从城乡规划的角度出发，将此指标作为景观型街道的规划的重要指标。编者在此选择法国尼斯安格鲁街、香港梳士巴利道、无锡环湖路、杭州杨公堤、厦门环岛东路、青岛东海东路、珠海情侣路等作为具有代表性的景观型街道作为研究对象，寻找用于指导规划的定量化的指标。

表 2-21　景观型街道案例研究

街道名称	有效长度 /km	景观线长度占整体街道长度比例
法国尼斯安格鲁街	7.5	67%
香港梳士巴利道	1.6	63%
无锡环湖路	5.1	82%
杭州杨公堤	3.4	95%
厦门环岛东路	12	58%
青岛东海东路	4.5	56%
珠海情侣路	13.3	81%

（资料来源：编者整理）

参考以上案例研究原则上可对景观型街道界面的长度进行界定：

景观线长度比例不低于 60%，街道总长度不宜小于 1km；

其他类型的街道界面相对来说步行活动呈现离散化，因此街道长度指标不敏感，规划上可不做长度指标控制。

2.5.3 街区尺度

街区是指由网络化的城市道路及其围合的城市建设用地所组成的城市空间基本组织单元。一般街区尺度是指道路网间距，它反映了一种可感知的街区形态的量度关系，而不同的感知会影响不同的量度效果产生，因此，对街区尺度的判断是个主观认识过程。一般来说，干线路网（快速路、主干路）的街区尺度较为稳定，一般在 1km×1km；而次支级道路形成的街区尺度，各地城市、各片区表现不同，也带来了诸多问题，因此，国务院在 2016 年发文《中共中央国务院关于进一步加强城乡规划建设管理工作的若干意见》（下文简称《意见》）明确"推广街区制""开放封闭小区"以及"窄马路、密路网"的城乡规划理念。在该《意见》指导下，相关国家标准制定出台，部分城市的规划也在逐步落实街区制。《城市综合交通体系规划标准》GB/T 51328—2018 对不同的功能区提出街区尺度建议：居住区建议长≤300m、宽≤300m，商业区和就业集中的中心区建议长 100～200m、宽 100～200m，工业区、物流园区建议长≤600m、宽≤600m。

根据经典城乡规划理论，街区结构形式划分为方格网路网、树状路网、环状路网等多种类型，但总体可归纳为两大基本类型：一种是小街区的网格型结构，街道网密度高，小街区也带来了丰富的街道空间与生活；另一种是大街区的树型结构，街道网密度低，渗透性差。

雅各布斯在《伟大的街道》一书中详细考察了世界 50 个城市 1 平方英里的城市街道肌理，得出如下结论：从时间维度上看，网格状的小街区发源最早，此后许多城市受城市化进程慢慢演变成符合机动化出行效率的大街区，当然大尺度街区其实在小汽车盛行之前已经出现，如纽约、旧金山的城市肌理在百年前建市初就已经确立。他指出如果小尺度街区保持较高的开发强度与密度的话，每平方英里区域包含的内容就会越多，街道也就越多，供人们活动的场所也就越多，能够创造出伟大街道的几率也就越大。就尺度数值来说，威尼斯的尺度最小，路网密度最高，但是它也是世界上独一无二的步行城市，不具有可比性，他更欣赏巴塞罗那、洛杉矶、波特兰、旧金山、萨凡纳，这些城市的街区尺度通常在 40~90m。

小尺度的方格网可在单位面积区域提供较多的街道数量，也就意味着可提供多种通行路径，具有较强的可渗透性。另外通过机动车辆限行等措施，方格网街道还可以为行人及骑行开辟专门的通道，从而减少交通拥堵、居民缺乏沟通、尺度超人等诸多矛盾。从基本的方格网络到各种变形网络都呈现出交织的网络形态，非常适于系统组织街区以形成宜人的街道空间，从而表现出清晰的街道网络肌理，使人们易于形成对街道形态的完整把握而产生相应的空间认知。另外从土地开发价值来看，小尺度、高密度的路网配合紧凑及较高强度的开发，能够腾出更多的可开发利用土地，同时避免了现有土地出让中出现"金角银边草肚皮"的现象，提高了整体土地开发价值。

在街区尺度具体取值上，众多学者研究有所差异。美国学者塞克斯那认为 80～110m 的交通网格最为理想；茫福汀认为合理的街区尺度控制在 60～70m；亚历山大根据北美的经验认为将开发项目规模的上限设定为约 10 万平方英尺，相当于一个四层建筑占据面积约 1 英亩的街块，即相当于尺度为 60 ～ 70m 的街块；周俭则从认知的角度认为适于居民交往的合理街区尺度为 150m 左右；朱怿依照道路交叉口需求，认为街道的边长在 60 ～ 250m 之间。从这些研究数据可以看出，街区尺度合理规模控制在 60 ～ 200m 的尺度范围。成都市小街区规划通过基于国内外案例、消费市场的接受度、房地产企业开发的接受度、友好城市理想空间尺度等几方面进行研究，指出居住型小街区尺度不宜超过 4 hm^2（图 2-41）。在此研究基础上出台了《成都市"小街区规制"规划管理技术规定》，规定明确小街区单元尺度不宜大于 200m×200m，街区单元规模控制在 50 亩左右（约 3.3hm^2）。

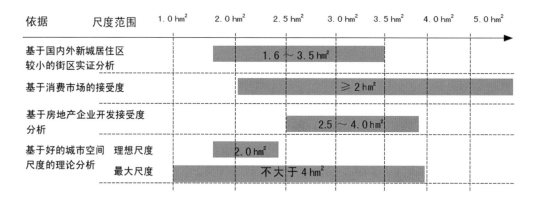

图 2-41 居住型小街区尺度研究
（图片来源：彭耕，陈诚 . 成都市小街区规划研究 [J]. 规划师，2017（11）：141-147.）

从实证角度来说，北京传统街区尺度基本控制在 70m 左右。欧美不少著名城市的中心区典型街区尺度基本处在 50 ～ 200m 的范围内。国内最经典的城市设计案例莫过于深圳福田中心区 22 号、23-1 号街坊城市设计，它完美阐述了小街区路网对城市形态、街区活力的积极作用。如图 2-42 所示，SOM 在深圳市城乡规划设计研究院制定的传统街区的基础上进行优化，将街区尺度从 200m 细化成 95m，使街区具有较好的可渗透性及交通疏导力，形成了更具有活力氛围的人性化环境，提高了整个片区的土地利用价值。

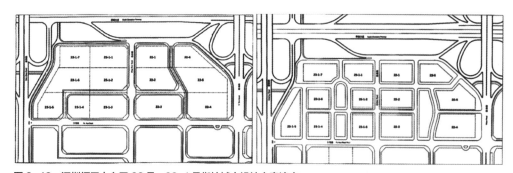

图 2-42 深圳福田中心区 22 号、23-1 号街坊城市设计方案演变
左图为深圳规划院方案，右图为 SOM 优化调整方案
（图片来源：深圳市规划与国土资源局 . 深圳市中心区城市设计与建筑设计（1996—2002）系列丛书 [M]. 北京：中国建筑工业出版社，2002.）

从这些实证研究来说，中心区的街区尺度不宜大于 200m，宜控制在 100m 左右。我们看到这个数值比国家标准规范建议的数值要小，考虑各城市的发展阶段不同，在不同的发展片区宜制定不同的街区尺度，如居住区、工业区尺度可以适度拉大，商业区应严格进行小街区尺度规划。

2.5.4 街道分类规划应用

对街道概念的厘清有助于街道分类规划的应用，但若只是厘清概念，对在城乡规划中如何有效进行分类仍无从下手。总结以上街道规划管控内容从街道形态、街道多样性、街道围合性、街道趣味性、街道舒适性、街道安全性等方面进行指标管控，为街道分类规划提供了抓手。

表 2-22　街道分类指标管控总表

街道特性	控制要素	街道类型					
		商业型街道界面	居住型街道界面	景观型街道界面	工业型街道界面	综合型街道界面	交通型街道界面
街道形态	长度	不宜超过 1.5km（或 5～6 个街区），且不宜小于 600m（或 2～3 个街区）	—	景观线长度比例不低于 60%，街道总长度不宜小于 1km	—	—	—
	街墙高度	主干路沿线建议控制在 28～75m，次干路沿线建议控制在 21～55m，支路沿线建议控制在 13～35m，其他等级道路沿线建议控制在 9～24m	同商业型街道	—	—	主干路沿线建议控制 28～75m，次干路沿线建议控制 21～55m，支路沿线建议控制 13～35m，其他等级道路沿线建议控制 9～24m	—
	宽高比	3:4～2:1	3:4～2:1	—	—	3:4～2:1	—
街道多样性	用地复合	用地高度复合	以居住用地为主，非开放式界面（如围墙）比例不低于 40%	以景观绿地公园、山体、滨水等开敞空间为主	以工业用地为主	用地高度复合	—
	功能密度	建筑底层商业比例不低于 70%，底层非积极界面（如围墙）长度占整条商业街长度的比例应控制在 10%，其中积极的商业业态功能占比整体商业应不低于 50%	临街面建筑底层商业比例不高于 40%	—	—	—	—

街道特性	控制要素	街道类型					
		商业型街道界面	居住型街道界面	景观型街道界面	工业型街道界面	综合型街道界面	交通型街道界面
街道围合性	界面密度	不低于 70%	—	—	—	—	—
	贴线率	主干路不低于 70%，次支路不低于 80%	—	—	—	—	—
街道趣味性	建筑前区	退线距离严格控制，要求与道路慢行空间一体化设计	按照一般规定控制	—	按照一般规定控制	按照一般规定控制	按照一般规定控制
	店面密度	每百米 7 个左右	—	—	—	—	—
	透明度	不低于 60%	—	—	—	—	—
街道舒适性	绿地率	建议不做控制	按照国标控制	结合周边景观带统筹考虑	按照国标控制	按照国标控制	按照国标控制
	人行道空间宽度	不低于 5m	不低于 3m	不低于 4m	不低于 3m	不低于 3m	最低值 2m
街道安全性	机动车道空间	次干路、支路尽量采用较窄车行道	次干路、支路尽量采用较窄车行道	采用较宽车行道	采用较宽车行道	采用较宽车行道	采用较宽车行道
	交叉口	◆有路内停车和机非混行路段进行交叉口缩窄设计 ◆次干路、支路路缘石尽量采用小转弯半径 ◆次干路、支路可视具体情况进行抬升设计	同商业型街道	—	—	—	—
	公共交通	主、次干路和交通量较大的支路上的车站，宜采用港湾式					
	隔离	可视情况缩减中央硬质隔离	按规定设置	宜按照高标准设置	按规定设置	按规定设置	按规定设置
	停车	可结合建筑前区空间设置路内停车	不建议设置路内停车	不建议设置路内停车	不建议设置路内停车	不建议设置路内停车	不得设置路内停车

注："—"为不做指标控制。

（资料来源：编者研究整理）

2.5.5 道路红线控制与街道宽度协调

市政道路红线宽度控制应满足机动车空间、慢行空间、绿化与设施隔离空间的基本空间要求，同时也要满足市政管线敷设及地下交通空间的要求，各地城市根据实际情况进行了不同的管控要求。由建设部和国家市场监督管理局联合发布的《城市综合交通体系规划标准》GB/T 51328—2018 也对道路红线宽度进行了取值建议。

目前部分城市在规划编制中对道路红线宽度没有进行明确规定，经常会出现同一条道路在不同片区有着相同的道路等级却有不同的道路红线控制宽度问题，为了规避此类问题，建议在规划编制中对道路红线宽度进行统一的规定。结合前述对道路各部分尺寸空间的要求，根据各部分尺寸合计得出推荐的道路红线宽度要求如表 2-23 所示。

表 2-23　新规划道路车道数量与红线宽度控制

道路等级		车道数 / 条	最小道路红线宽度 /m	推荐道路红线宽度控制 /m
快速路	有辅路	主路 6 ～ 8	60	70
		辅路 4 ～ 6		
	无辅路	8	48	50,60
主干路		6 ～ 8	40	45,50
次干路		4	28	30,35
支路		2 ～ 4	14	18,20,26

（资料来源：编者整理）

该表格数据为新规划区建议道路红线控制，对于建成区的城乡规划及受地块权属、轨道交通、高架桥梁、隧道等因素影响，可以根据情况进行适度调整。

从各地城市快速路建设的实际经验来看，快速路红线控制宽度一般接近或超过 100m。但依据建设部、国家发展改革委、国土资源部、财政部《关于清理和控制城市建设中脱离实际的宽马路、大广场建设的通知》（建规〔2004〕29 号）的规定，"城市主要干道包括绿化带的红线宽度，小城市和镇不得超过 40m，中等城市不得超过 55m，大城市不得超过 70m，城市人口在 200 万以上的特大城市，城市主要干道确需超过 70m 的，应当在城市总体规划中专项说明"。在《城市综合交通体系规划标准》GB/T 51328—2018 中对城市快速路道路红线宽度控制在 70m，本书在对快速路各部分尺寸要求研究的基础上，继承国家标准关于快速路的严格规定。

从街道的美学及空间舒适度来看，街道需要控制的空间宽度往往比国内许多城市实际控制的宽度窄很多，如芦原义信在《街道的美学》运用空间理论来分析街道尺度，提出街道适宜宽度（道路红线＋退让空间）控制在 30m 以内；雅各布斯在《伟大的街道》一书中对欧美国家 12 条伟大的街道进行分析探讨后认为街道的绝对尺度控制在 9 ～ 30m（含建筑退让空间）；日本土木学会编制的《道路景观设计》也对日本著名的以行人为主的街道进行探讨与数据统计，发现大部分步行街宽度几乎都在 20m 上下，而被称为大街的幅宽在 30m 以上的街道从空间上就超越了人的尺度。需要注意的是，这些学者的研究街道大多集中在生活性道路上，相当于国内城市的次支道路。梁江、孙晖等人（2007）在《模式与动因》一书中对国内上百个城市的不同时期、不同地段的中心区城市形态演变横向实证分析和比较研究得出，城市支路宽度保持在 18～25m 相对稳定的状态，说明这一范围内的支路宽度能够满足今天的交通与开发建设要求。而城市次干路及以上道路从街道整体尺度来衡量显然已经不再适用于街道美学提出的宽高比例原则，而应更多满足现有城市交通发展与开发建设的要求。基于此认识，表 2-23 中给出的道路红线控制宽度是兼顾了功能需求与街道美学。

　　街道断面规划需要将道路红线空间和建筑退让空间全部表达，表达内容包括道路红线内机动车道、非机动车道、人行道、设施带、绿化隔离带、退让空间等，断面表达形式与街道功能一致。需要注意的是，传统的城乡规划在表达道路标准横断面时一般为对称布置，但是从街道功能出发，由于受街道类型分界面的管控，街道两侧的建筑退让尺寸、道路红线慢行空间尺寸都可以不同，因此街道的规划横断面可以不完全对称布置（图 2-43）。

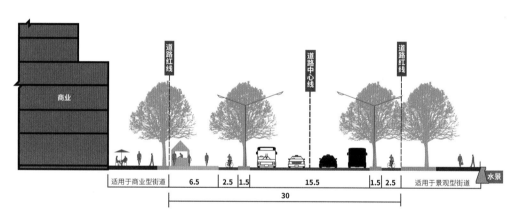

图 2-43　非对称的街道横断面示意
（图片来源：编者自绘）

第 3 章　街道设计管控

3.1 街道设计管控总体要求

依据街道定义，街道设计管控包含建筑立面设计、建筑前区设计、道路空间设计和环境设施设计等 4 大内容管控。

其中建筑立面管控包括建筑色彩与风格、建筑装饰、建筑阳台、玻璃幕墙、防盗网、空调外挂、建筑遮蔽、店招及广告等 8 大控制要素。

建筑前区管控包括绿化布置、铺装、坡道及台阶、公共设施、商业外摆、沿街围挡等 6 大控制要素。

道路空间管控包括机动车道、人行道、非机动车道、交叉口、地块开口、掉头口、人行过街、无障碍设施、公交站点、出租车上落客点、路内停车、路缘石车止石、交通稳静化等 13 大控制要素。

环境设施管控包含在建筑前区和道路空间中，因该类设施对街道品质与环境有重大影响，本书单独将该类设施独立出来以提醒设计中不应忽略。它包括绿化隔离、雨洪管理、城市家具、箱杆合并设计等 4 大控制要素。

3.2 建筑立面设计

3.2.1 建筑色彩与风格

3.2.1.1 色彩

城市色彩规划始于意大利都灵，1800—1850 年间，在当地建筑师协会建议下，都灵市政府进行了全城色彩规划与设计，将黄赭石色确定为城市的色彩主旋律，所有建筑外立面均统一色彩，成为城市文化内涵。法国阿尔比城市的玫瑰红色、希腊圣托尼里岛的白色无不是城市文化特征的鲜明代表。著名建筑大师伊利尔·沙里宁说："让我看看你的城市建筑的外观色彩，我就能说出这个城市的性格，居民的喜好，甚至在文化上追求的是什么。"

图 3-1　都灵城市色彩
（图片来源：http://www.quanjing.com/category/114002/714.html）

建筑色彩指由建筑材料和光线共同形成的建筑色彩感受，一般来说，建筑色彩包括三个部分：主体色、强调色和点缀色。对于一个区域来说，主体色是指建筑普遍使用的主要色彩；强调色是指区域内部标志性建筑物和主要节点建筑等少数建筑所使用的色彩，或者区域一般建筑所使用的强调色彩；点缀色是指建筑局部所使用的装饰性色彩。

建筑色彩应根据特殊的地理区位、气候条件、用地功能和历史文脉等确定，各地城市宜制定当地特色的环境色彩专项指引，一般来说，临街道的建筑立面色彩选择宜综合考虑街道类型与属性、建筑功能要求以及与周边自然山水环境协调统一，不鼓励对比度强烈、大红大绿"浓妆艳抹"和大面积的单一色调。

商业型街道的临街建筑，其裙房部分的色彩选择宜以暖色为主，主色调可采用暖黄、砖红、亮灰、砖灰等，营造活泼热闹的商业氛围。

居住型街道的临街建筑，色彩选择宜以暖色为主，主色调可采用暖黄、砖红、亮灰等，营造舒适宜人温馨感受。

景观型街道的临街建筑一般为历史文化公共建筑，应延续历史文脉，采用保护自身特殊禀赋的色彩。

工业型街道临街建筑，色彩选择宜以冷色为主，主色调可采用灰白、银灰等，体现简洁素雅的工业元素特征。

综合型街道的临街建筑一般比较复杂，对建筑色彩不做统一的要求，宜根据具体建筑功能确定，如办公类建筑采用亮灰色彩体现现代气息，商业类建筑采用暖黄色彩烘托商业氛围，居住类建筑采用砖红色彩强化温馨感受。

3.2.1.2 风格

建筑风格一般分为六类：西洋古典风格、中国传统风格、现代风格、新古典风格、新中式风格和综合风格。建筑外墙设计风格的选取应综合考虑建筑所属区域城市风貌、街道类型以及建筑功能的要求。各地城市宜制定当地特色的建筑风格专项指引，一般来说，建筑外墙设计风格要求简洁优美、比例协调。

商业型街道、综合型街道的临街建筑，其立面宜进行一定的装饰，装饰风格应与当地城市风貌相协调，主导风格可采用现代风格和综合风格，烘托公共活动气息。

居住型街道的临街建筑应注重营造温馨宜人的生活环境，主导风格可采用新古典风格、现代风格和综合风格，并要求与周边建筑风格相协调。

景观型街道的临街建筑一般为历史建筑，应尊重原有历史风貌、城市肌理和建筑尺度，新建、改建、扩建及优化整治项目的临街建筑风格必须与片区特定代表性的建筑（群）建筑风格相协调，保持传统建筑的肌理和文脉延续。

鼓励建筑立面积极采用绿色建筑、节能环保、立体绿化等新技术。

在保证建筑风格、形体与周边协调的前提下，鼓励创新的建筑立面设计手法。

临街建筑底部处理在材料、表皮、配色、质感、细节、肌理尺度等方面应重视人的感受，近人部分的处理应丰富、细腻，迎合人的期待。

3.2.2 建筑装饰

鼓励临街建筑外立面在近人尺度（15m 高）部分，结合沿街建筑立面如阳台、走廊、窗台、挑台、露台等设置种植花卉、绿植的构筑物，营造良好的街道景观。

临街建筑物设置植物装饰应保证安全、美观。临街建筑物设置植物装饰时，应对植物进行定期养护、管理，保证其美观。

鼓励商业街道底层建筑前区，结合雨棚、橱窗、休息座椅、冷餐设施、商店招牌等设置一定植物花卉装饰。底层为骑楼的建筑，可结合骑楼柱、灯饰等设置花卉、绿植装饰（图 3-2）。

图 3-2　建筑外立面花卉装饰
（图片来源：https://www.51wendang.
com/doc/ef9bd3a950a1c397d44d97
27/3）

3.2.3 建筑阳台

建筑阳台作为建筑附属设施，一方面对建筑使用功能有重大影响，另一方面对建筑立面景观也有重大影响。从街道景观来看，一般要求临街建筑外立面阳台外缘不应超过建筑退让线（图3-3）。

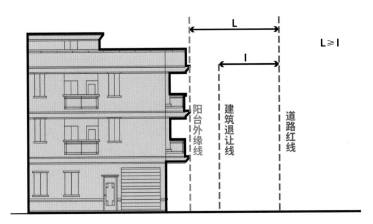

图 3-3　建筑阳台外缘距离规定
（图片来源：编者自绘）

临街高层住宅建筑宜对窗、阳台等重复构建物进行一定程度的变化设计，可通过立面布局、虚实变化、色彩点缀等加以设计，避免完全重复导致乏味。同时从沿街底层往上看阳台的角度，要求建筑阳台注重底板设计。

阳台封闭性应与城市地域、所在区域有关，北方城市考虑取暖需求一般做封闭式阳台，南方城市一般为开放式阳台。但是对于沿海、沿河、沿主干道、沿城市中心广场一侧的第一序列的建筑，其朝向海、河、主干道的阳台一般要求封闭。对于商业型街道，临街建筑阳台一般要求封闭。

3.2.4 玻璃幕墙

现代风格的建筑一般采用玻璃幕墙装饰建筑立面，对拟采用玻璃幕墙的建设工程，宜提倡推广中空 LOW-E 型玻璃以降低光污染。

商业型街道和综合型街道两侧建筑立面采用玻璃幕墙能够烘托出强烈的商务、商业氛围。

有下列情形之一，需要在二层以上安装幕墙玻璃的，应当采用安全夹层玻璃或者其他具有防坠落性能的玻璃，玻璃幕墙设计时应当按照相关技术标准的要求，设置应急设备以备击碎玻璃。

①商业中心、交通枢纽、公共文化体育设施等人员密集、流动性大的区域内的建筑。

②临街建筑。沿海城市应充分考虑易受台风侵袭的气候特点，玻璃幕墙的选用及安装应考虑防风安全。为避免顶部屋突、擦窗机等建筑和设备外露出来导致视觉效果凌乱，玻璃幕墙顶部不

宜通透。

考虑老人、小孩、病人在面对玻璃幕墙的视觉感受，对养老院、中小学校教学楼、托儿所、幼儿园、医院门诊急诊楼和病房楼的新建、改建、扩建工程以及立面改造工程，不推荐采用玻璃幕墙；同时考虑玻璃幕墙的反射易造成交通安全隐患，在 T 形路口正对直线路段处，或正对道路转弯切线段处，一般也不推荐采用玻璃幕墙。

3.2.5 防盗网

一般来说，临街建筑的防盗网对街道景观有较大的负面影响，原则上不应设置防盗网。

为了尽量减少防盗网对城市景观的影响，对防盗网的安装位置应作出具体规定。窗的防盗网应安装在窗的内侧，阳台、走廊的安全防护设施不能超出阳台、走廊的外缘边线。且应以隐形防盗网为主。阳台外露防盗网应采用不蚀材料制作，并加设应急逃生口。

沿街建筑的防盗网样式、材质等宜与主体建筑的规划设计相协调，并进行统一设计、统一施工、统一安装投入使用。

3.2.6 空调外挂

沿街建筑立面的空调外挂会对街道景观产生较大的负面影响。在各地城市的"穿衣戴帽、城市美化"工程中，处理空调外挂均是工程的重点，而且也是协调的难点。

因此对于新建建筑物，道路沿街立面上不应安装窗式和分离体空调机。既有建筑物空调机敷设于临街建筑外立面的，在保证建筑立面整洁美观的基础上，通过隐蔽措施进行整改。

空调机遮罩应进行统一设计、统一施工，在水平及垂直方向应尽量保持统一。颜色与形式宜选择与所依附的墙面一致或相近。

临街建筑物底层安装的空调室外机，机身及托架不得占用人行道，空调托架应隐蔽装饰或采用防锈材料的装饰网罩，不得裸露，其外观须与建筑物主体相协调。

3.2.7 建筑遮蔽

临街建筑遮蔽一般用于商业型街道界面和部分综合型街道界面，其遮蔽形式一般有骑楼、建筑出挑、遮阳（雨）棚三种。骑楼和建筑出挑一般在新建、改扩建建筑工程的方案报建中予以明确，一般为永久性的建筑设施。而遮阳（雨）棚一般为建筑投入使用后期加装上去的。为了打造和谐统一的街道景观，应对建筑遮蔽进行统一的设计管理。

3.2.7.1 骑楼

骑楼带有浓厚的南方地域特色，形态常常以骑楼街的形式出现，往往是其所在城市街道特色的统一性元素，对城市的地域特色有特殊的意义。

骑楼街道空间由界面限定而产生，显性界面直接影响了街道空间的场所性，主要要素为外界面；隐性界面是近人尺度下的界面，直接影响人的心理行为、心理感受，主要要素有侧界面与底界面、顶界面（图3-4）。

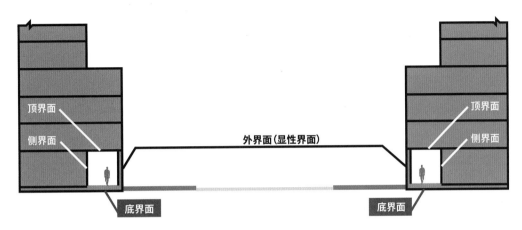

图3-4 骑楼街道空间界面示意图
（图片来源：编者自绘）

外界面反映着街道的历史与文化内涵。在街道空间中主要有三个作用：构成人们行为的场所；构成城市意象的重要元素；体现场所精神的媒介等。外界面应符合贴线率控制的要求，连续整齐，外界面的装饰应体现街道的风格与文化内涵。

在建筑方案设计中，应重点控制隐性界面设计。侧界面设计宜虚不宜实，以便能更好地实现室内、骑楼灰空间、外部空间的过渡与衔接，同时适当考虑人的活动对私密性的不同要求，如采用流水玻璃墙面的处理，既满足了私密性的要求，又实现了室内外空间的交融，同时亦塑造了空间的趣味性。为了实现舒适的步行环境，控制骑楼步行深度不低于4.5m，净高不应低于4m。

底界面（即地面）应该考虑行人的安全，采用防滑的铺装材料，强调材料颜色与周边环境相协调，可辅以图案赋予其一定的文化内涵或趣味性，构成整体上的美观，同时产生导向感。要实现室内外底界面的过渡、连接。骑楼部分地面标高宜与室外自然地坪标高相同，若设置高差，高差宜控制在±0.3m。

顶界面的构成方式分为面状构成与线状构成两种方式。面状构成，其剖面轮廓不宜复杂，装饰简洁明了，并要结合室内顶棚整体设计；材料的色彩、质地的选择与整体相协调；镜面材料虽然可以增加骑楼灰空间视觉上的"净高"，但同时会引起视觉感受不适。线状构成，具有方向性，线状构成的排列分平行于街道与垂直于街道两种，一般以垂直于街道的为多；线状构成的排列间距宜适中，间距过大易产生简陋感，间距过小易引起视觉上的不适，同时线状构成的排列间距与其构成材料的厚度有关。

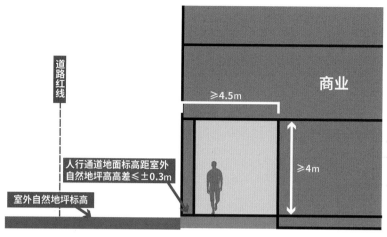

图 3-5　骑楼设计标准示意图
（图片来源：编者自绘）

3.2.7.2 建筑出挑

　　建筑出挑与骑楼功能基本相同，一般来说骑楼更多用于有一定历史底蕴的商业型街道，而建筑出挑更多应用于现代风格的商业建筑。

　　建筑出挑设计要求与骑楼设计基本相同，由于没有立柱的影响，行人视野更为开阔，步行深度可适当减小，深度不小于 3m，净高不应低于 4m，出挑部分地面标高宜与室外自然地坪标高相同，若设置高差，高差宜控制在 ±0.3m（图 3-6）。

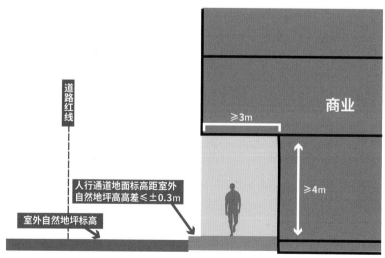

图 3-6　建筑出挑设计标准示意图
（图片来源：编者自绘）

3.2.7.3 遮阳（雨）棚

遮阳（雨）棚一般为建筑投入使用后期加装，对街道景观有重要影响，地方政府部门应对其安装进行严格审查。一般来说，一条街道的遮阳（雨）棚的尺度、颜色、材质等应基本保持一致，且与周边建筑功能和风格统一。为了满足人性化的功能需求，建议遮阳（雨）棚深度不小于1.5m，但不应超过道路红线，净高不应低于4m，出挑部分地面标高宜与室外自然地坪标高相同，若设置高差，高差宜控制在 ±0.3m。若遮蔽部分地面与室外自然地坪存在高差，建筑外伸步级宽度不应低于2m（图3-7）。

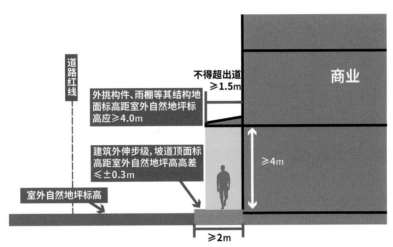

图3-7 遮阳（雨）棚设计标准示意图
（图片来源：编者自绘）

3.2.8 店招及橱窗

店招和橱窗是商业建筑的重要标志，也是体现街道特色的地方，在街道风貌打造时应重视建筑店招和橱窗的设计。

3.2.8.1 店招

设计优良的店招可以为街道增添活力，使街道成为如画的意象。芦原义信在《街道的美学》一书中对店招等外墙突出物和临时附加物定义为建筑的"第二次轮廓线"，他提出巴黎和意大利街道因建筑外墙明显，能够形成"图形"，而日本的街道则由于"第二次轮廓线"的影响，不能成为清晰的"图形"，给人杂乱无序化感觉。雅各布斯也在《伟大的街道》一书中提出店招可以给街道丰富视觉效果，但是不能过于丰富，以致演变为混乱和无序，他批评了香港街头嚣张的店招，他认为这些店招在街道中完全喧宾夺主，成了制造环境紊乱的东西（图3-8）。

图 3-8　香港旺角区域街道招牌图
（图片来源：百度 2018 年街景）

店招一般依附一层门楣，可以有平行于墙面和垂直于墙面两种设置形式，原则上遵从"一店一牌、一单位一牌"要求，且仅允许在依附其相应营业场所门面入口处设置。街道店招应做到三个"一致"：

①相邻招牌底部边线应保持在同一水平线；

②招牌凸出墙面的距离不宜超过 50cm，牌面左右不得凸出墙面的外轮廓线，宽度与墙面相协调，并与相邻招牌凸出墙面的距离一致；

③相邻招牌厚度、材质应基本保持一致，并与建筑形象相协调。

店招设施应当与自身店（门）面相协调，版面设计美观、与自身建筑功能搭配合理，体现行业特点。做到设计精细、简洁大方、材质优良。版面文字疏密得当，字体尺寸比例协调，主题突出，标识适当。

同一建筑楼体（含相连接建筑楼体）层面的店招店牌规格与平面原则上应当尺寸统一、色彩搭配合理。招牌不允许覆盖柱子，相邻招牌广告的水平距离保持在 40cm 以上，其间隔连接形式由店招店牌所有人双方协商制作安装，未达成设置协议的可采用竖向和悬挑形式设置店招店牌（图 3-9）。

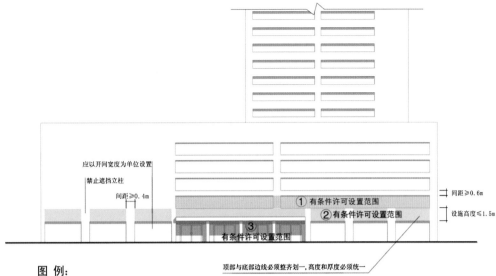

应以开间宽度为单位设置

禁止遮挡立柱

间距 ≥0.4m

① 有条件许可设置范围

② 有条件许可设置范围

间距 ≥0.6m

设施高度 ≤1.5m

③ 有条件许可设置范围

顶部与底部边线必须整齐划一, 高度和厚度必须统一

图 例:

① 二层无窗时, 三层窗户以下窗间墙

② 一层门楣(从骑楼或悬挑架空部分底沿到二层窗户下沿的部分)

③ 骑楼檐下、营业场所门面入口处

图 3-9 店铺招牌设置位置示意

(图片来源: 《珠海经济特区户外广告设施和招牌设置技术规范》)

3.2.8.2 橱窗

橱窗应体现分区功能、建(构)筑物造型特点和文脉, 外形应美观、新颖, 并与整体景观相协调。橱窗要因楼面、因材料设置灯光, 达到亮化效果。橱窗灯光应采取内光外透、窗面点缀等形式配置。具备条件的单位应结合周边环境和店面风格合理配置灯饰, 做到设计新颖、动静结合, 突出夜间景观效果。灯光亮化应贯彻环保节能原则。严禁使用高耗能灯具, 积极采用高效的光源和照明灯具、节能型的镇流器和控制电器以及先进的灯控方式, 优先选择通过认证的高效节能产品, 所需材料及工程安装质量必须符合国家有关技术规定和施工规范, 同时配备防水、防火、防风、防漏电、防爆等保护设施, 保证设置牢固和使用安全。

3.2.9 户外广告

户外广告依然属于芦原义信定义的"第二次轮廓线", 应谨慎布局, 设计不当将会成为毁坏街道品质的重要推手。

户外广告设施分为独立式和附着式两大类。

独立式主要包括大型支撑的大型立柱广告设施和小型支撑的立杆式、底座式、实物造型广告设施。独立式以大型立柱广告设施为主, 其中大型立柱户外广告设施牌面外缘不得侵入人行道, 距离城市道路红线应 ≥ 20m, 距离高速公路 ≥ 30m, 广告设施离建筑物不得小于倒伏安全距离;

小型支撑的立杆式和底座式广告一般直接设置于人行道边，对街道景观影响较大，一般慎重设置。

附着式主要包括依附建筑物（平行于建筑外墙）设置、依附道路附属设施（依附灯杆、公交候车亭、自行车亭）等设置。其中，对街道景观来说，依附建筑物设置可依附一层门楣设置、依附于骑楼檐下设置、依附于主体墙面设置三种。

依附于一层门楣户外广告设施一般规定（图3-10）：

①下端不得低于骑楼或悬挑架空部分底沿，且不得低于3m，上端不得高于二层窗户下沿，且设施总高度不得大于3m；

②宽度应以建筑开间为基本设置宽度单元，每处建筑开间只允许设置一处广告。

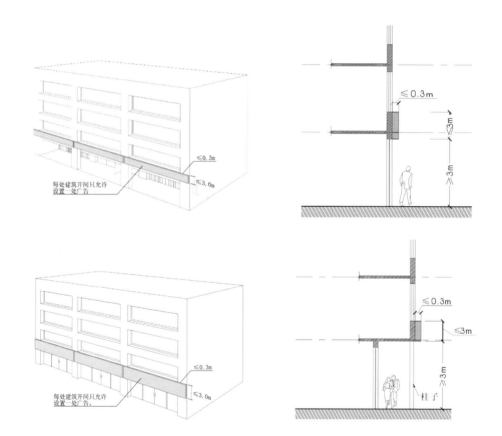

图3-10 依附于一层门楣户外广告设施设置示意
（图片来源：《珠海经济特区户外广告设施和招牌设置技术规范》）

依附于骑楼、檐下户外广告设施一般规定（图3-11）：

①广告下端与地面垂直距离≥3m，厚度≤0.3m；

②骑楼外柱上不得设置。

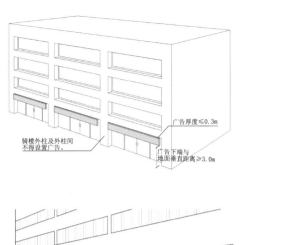
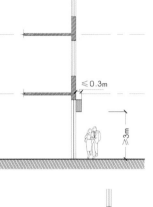

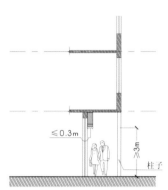

图 3-11　依附于骑楼、檐下户外广告设施设置示意
（图片来源：《珠海经济特区户外广告设施和招牌设置技术规范》）

依附于主体外墙户外广告设施一般规定（图 3-12）：

①广告设施的上沿不得超过屋顶高度且不得超过 30m，宽度不得超过建筑物两侧；

②广告设施凸出墙面的距离不得超过 0.3m，其凸出墙面的部分不得妨碍行人的安全；

③广告设施严禁遮挡窗口，且不得影响建筑物主体的整体造型；

④广告下端距地面净高不得低于 3m；

⑤在同一建筑立面设置的广告，应成组集中布置；成组设置的广告在规格、形式上应统一。

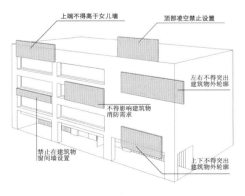
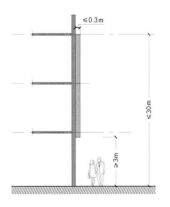

图 3-12　依附于建筑物主体外墙户外广告设施设置示意
（图片来源：《珠海经济特区户外广告设施和招牌设置技术规范》）

依附于道路附属设施的户外广告可分为依附于灯杆、依附于公交候车亭、自行车租赁站、依附于天桥的户外广告设置三种形式。依附于灯杆设置一般用于景区道路，城市美化工程在逐步取消此类广告设施。依附于公交候车亭、自行车租赁站的广告设置作为建设运营主体单位主要的收入来源，广告内容应积极向上，设置规则需满足以下要求：

①每个站点广告数量需要与站点设施相统一，原则上两个柱子之间只设置一个广告设施；

②广告设施不得设在候车亭的顶部；

③单个广告牌高不得大于 1.5m，宽不得大于 3.5m；

④广告牌面（单面）面积应 ≤ 4.5m^2；

⑤不得有碍乘客观看站牌，不得影响人流交通的顺畅和道路视觉的通透，不得超出候车亭、租赁站外轮廓线。

3.3 建筑前区设计

建筑前区分为开放式建筑前区和封闭式建筑前区。

开放式建筑前区一般应用于商业型街道以及居住和综合型街道两侧有部分商业和慢行活动需求的街道。建筑前区设计应注重前区慢行空间与道路红线内的慢行空间一体化设计。

封闭式建筑前区一般采用围墙进行隔离。围墙一般设置在多层退让距离 1/2 位置处。围墙的设置应注重高度、形式的设计。围墙外的退让空间宜进行绿化景观设计。

3.3.1 建筑前区绿化设计

建筑前区的绿化设计一般分为开放式建筑前区绿化（如商业型街道界面、综合型街道界面）和封闭式建筑前区绿化（如设置有围墙的街道）。封闭式建筑前区的绿化空间（围墙至道路红线之间的空间）主要为城市街道补充绿化及满足地下管线敷设要求，一般不可进入，对其设置要求应与整体街道绿化景观风格保持一致。

开放式建筑前区绿化空间一般让人可亲近、可进入，对活跃街道界面应有积极的影响。绿化设置形式可以分为花池、花坛（树池）、移动花钵等形式。

花池设计往往要根据道路风格、城市风貌来确定饰面材料和造型线条的样式，并结合地形高差、平面形状、自身造型、饰面材料等设计。

较长的台阶或坡道旁边的花池通常应跟随高差作斜面或台地设计，花基通常应高出地面。自然放坡距离不足又需降低挡墙高度时，常用台地式花池来处理高差（图 3-13）。

图 3-13　花池设计样式

（图片来源：左图 https://huaban.com/pins/1707278606/
右图 https://huaban.com/boards/35842970/）

目前较多城市的商业型街道建筑前区的花池（树池）设置成连续性花池，直接阻碍了建筑前区的慢行活动与人行道的慢行活动的交流，将两处慢行活动硬质分割为两处慢行空间，不利于活跃商业氛围（图 3-14）。

图 3-14　珠海人民西路建筑前区连续性花池阻隔道路慢行与建筑前区交流
（图片来源：编者珠海市区拍摄）

为了实现建筑前区慢行空间与道路红线内的慢行空间一体化，建议商业型街道的建筑前区花池设计严格控制连续长度，连续性花池单体长度控制在 10～15m，花池间隔开设人行通道，通道口宽度 1.5～2m。建筑退让空间与人行道一体化铺装（图 3-15）。

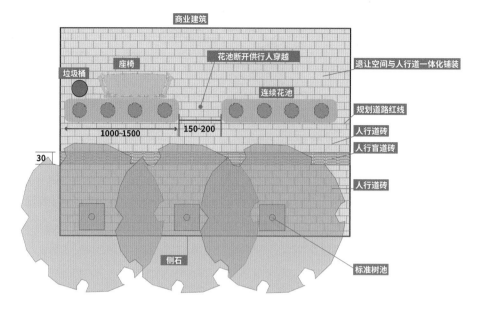

图 3-15　建筑前区连续性花池设置大样图
（图片来源：编者自绘）

花坛（树池）的设置应以不阻碍行人的通行为前提，并符合创造良好街道环境的要求。设计应主题突出，具有独创性；色彩鲜明，比例恰当，图案简洁，线条流畅。根据花坛类型和观赏要求选用植物，选用的花卉种类配置合理，花期、适应性与生产及展出期间的气候相适应。

花坛（树池）的规格不宜大于 2m×2m，两个花坛（树池）间隙距离 4 ～ 6m。宜紧贴道路红线设置。要求建筑退让空间与人行道一体化铺装（图 3-16）。

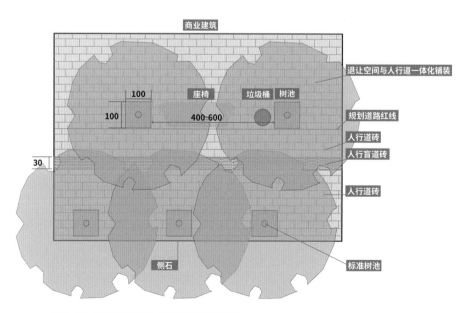

图 3-16　建筑前区花坛（树池）设置大样图
（图片来源：编者自绘）

花坛（树池）的选取应以观花型乔木为主，灌木及地被也应以开花型为主，营造喜庆迎宾的气氛（表3-1）。

表 3-1　南方城市商业型街道建筑前区植物配置建议

控制目标	热闹喜庆、动感活力	备注
乔木配置	凤凰木、红花紫荆、木棉、美丽异木棉、宫粉紫荆、小叶榄仁、黄花风铃木	热闹喜庆
灌木及地被配置	红继木、巴西野牡丹、龙船花、沿阶草	呼应环境
主色调	绿色系	
辅助色调	红色系、蓝色系、橘色系	

（资料来源：编者整理）

移动花钵的风格、造型应与街道相匹配，其摆放不能阻挡行人的通行，防止发生绊倒行人的危险。边缘应平滑，防止伤害行人。

移动花钵的规格不宜大于 1m×1m，间距以 1～1.5m 为宜。宜紧贴道路红线设置。要求建筑退让空间与人行道一体化铺装（图3-17）。

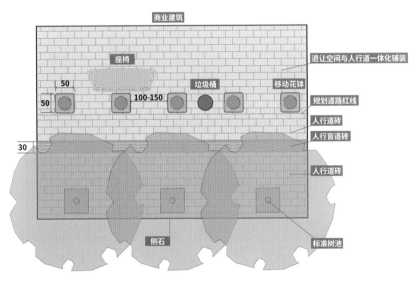

图 3-17　建筑前区移动花钵设置大样图
（图片来源：编者自绘）

3.3.2 建筑前区铺装

开放式建筑前区宜与人行道铺装材料及形式协调，使城市—建筑—景观环境—道路设施得以协调一致；受道路工程与地块建设开发主体不一致、建设时序不一致影响，许多城市建筑前区的铺装与道路慢行空间的铺装不同，存在明显的"道路红线"边界，影响行人视觉体验和行走舒适感，降低了街道品质。

建筑前区铺装宜选择相适应的色彩、质感进行设计，保证风格及文化基调尽量形成统一，并应当与绿化、建筑小品等同步设计、同步建设、同步验收和投入使用（图3-18）。

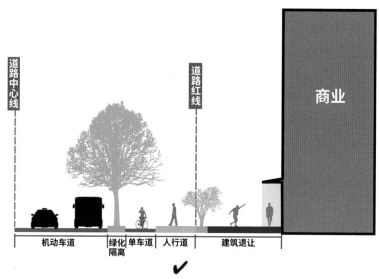

图3-18 建筑前区与人行道铺装一体化设计
（图片来源：编者自绘）

开放式建筑前区铺装设计应强调两点：

第一，建筑前区与人行道宜采用相同高程，减少与人行道铺装之间不必要的高差变化（图3-19）；地面不得已有高差变化时，应做明显的标志，可采用色彩、材质、图案、质感、尺度等的变化。

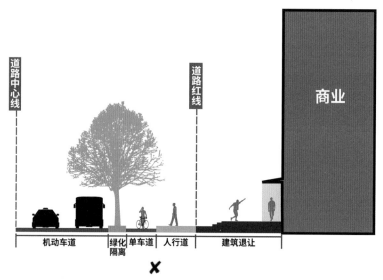

图3-19 建筑前区与道路慢行空间不鼓励高差设计
（图片来源：编者自绘）

第二，建筑前区铺装宜与人行道铺装颜色及风格保持一致，不能人为建设"道路红线"，当建筑前区强调独特功能需求而不能与人行道铺装材料保持一致时，应处理好建筑前区与人行道交界处，景观设计不应突兀。

3.3.3 建筑前区台阶及坡道

3.3.3.1 台阶

建筑前区与人行道原则采用相同标高设计，不应设置坡道和台阶，当建筑前区因地形原因确需设置台阶时，应符合下列规定：

①公共建筑室内外台阶踏步宽度不宜小于 300mm，踏步高度不宜大于 150mm，并不宜小于 100mm，踏步应防滑；

②人流密集的场所台阶高度超过 700mm 并侧面临空时，应有防护设施；

③城市道路上的梯道宜采用直线形；

④台阶踏面平整、防滑，距踏步起点和终点 250 ~ 300 mm 处宜设提示盲道，不应采用无踢面和直角形突缘的踏步。

3.3.3.2 坡道

当建筑前区因地形原因确需设置坡道时，应符合下列规定：

①室外坡道坡度不宜大于 1 ： 10；

②自行车推行坡道每段长不宜超过 6m，坡度不宜大于 1 ： 5；

③人行道设置台阶处，应同时设置轮椅坡道。轮椅坡道的净宽度不应小于 1 000mm、无障碍出入口的轮椅坡道净宽度不应小于 1 200mm。高度超过 300mm，且坡度大于 1 ： 20 时，应在两侧设置扶手，坡道与休息平台的扶手应保持连贯。轮椅坡道起点、终点和中间休息平台的水平长度不应小于 1 500mm；

④供轮椅使用的坡道不应大于 1 ： 12，困难地段不应大于 1 ： 8；

⑤轮椅坡道的最大高度和水平长度应符合表 3-2 的规定。

表 3-2　轮椅坡度的最大高度和水平长度建议

坡度	最大高度 /m	水平长度 /m
1 ： 20	1.2	24
1 ： 16	0.9	14.4
1 ： 12	0.75	9
1 ： 10	0.6	6
1 ： 08	0.3	2.4

（资料来源：编者根据《无障碍设计规范》GB 50763—2012 整理）

3.3.4 建筑前区公共设施

在建筑前区内可设置艺术小品、公共座椅等公共设施。当建筑前区设置服务设施时，应保障步行通行区的最小宽度要求。

3.3.4.1 艺术小品

艺术小品适用于商业型街道及综合型街道建筑前区。

艺术小品设置应不影响人行道空间，且保证人行通行最小宽度及高度要求，不能对行人产生碰撞等隐患问题。为了保证建筑前区人行通行舒适宽度，对建筑前区的设置艺术小品应有相关的尺度要求，根据对一般艺术小品尺度的研究，建议建筑前区宽度大于 6m 的街道可布设公共艺术小品；小品最大宽度不宜超过建筑前区宽度的 1/3 且最大宽度不能超过 3m。

艺术小品应规范设置，其造型、风格、色彩应与周边环境相协调，应定期保洁，保持完好。小品设置应提升公共空间功能，优化公共空间环境，增加与公众的体验互动。同时需符合场地的规划设计条件，不得违背场地在历史保护、生态保护、安全防灾等方面的强制性规划控制要求。艺术小品可紧贴道路红线设置，也可紧贴建筑设置（图 3-20）。

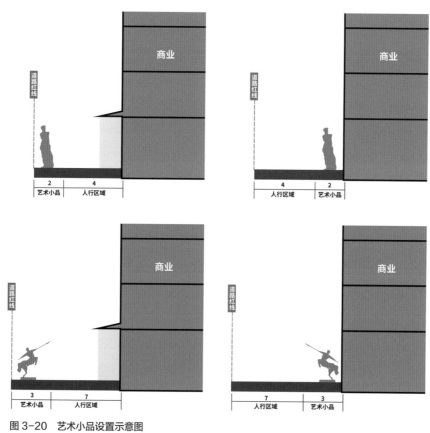

图 3-20 艺术小品设置示意图
（图片来源：编者自绘）

3.3.4.2 公共座椅

建筑前区公共座椅主要适用于商业型街道、综合型街道和景观型街道。扬·盖尔在《人性化的城市》一书中指出，行人更乐意在墙壁的凹处停留及靠墙的位置坐，后背贴墙，面向街道，视野开阔，且距离道路最远，相互交谈较少受到道路上交通噪声的干扰，更显安全性与私密性。他将座椅分为一级座椅和二级座椅，其中一级座椅是指有靠背、扶手等设施的座椅，二级座椅是指人们可以随意坐下如台阶、护柱、树池边缘等的座椅。商业型街道不仅需要打造商业氛围，更需要打造整条街道均是可以坐的街道。他同时指出，座椅采用长凳形式和大理石等冰冷材料会降低人们坐的欲望，因此座椅应注重人性化的细节设计。

因此本书提出，公共座椅一级座椅宜贴墙放置，设计与选材应体现街道特色，尽量选择适合体感的材质，同时具有坚固、实用、耐用等特点。公共座椅转角处应作磨边倒角处理或圆弧式设计。商业型街道的二级座椅可结合绿化设施进行异形设计，颜色宜鲜艳，体现商业活力，景观型街道结合具体景观节点进行设计，材质、颜色与景观协调。

3.3.5 建筑前区商业外摆

允许商业型街道和布置有商业的综合型街道沿街商户利用建筑前区进行临时性室外商品展示、设置公共座椅及餐饮设施，形成交往交流空间，丰富活动体验。

新建街道在城市执法管理中应对室外餐饮进行严格规定，同一条街道的外摆区边界应保持在同一条直线上，采用家具进行分区，鼓励设置活动遮阳棚等遮阳避雨设施。建筑前区室外餐饮不宜占用道路红线，且宜留出一定的步行通行空间，建议当建筑前区宽度大于 10m 时，可设置不大于 6m 的冷餐区；当建筑前区宽度在 7～10m 时，可设置不大于 4m 的冷餐区；当建筑前区宽度在 5～7m 时，可设置不大于 3m 的冷餐区；当建筑前区宽度小于 5m 时，不宜设置冷餐区（图 3-21）。

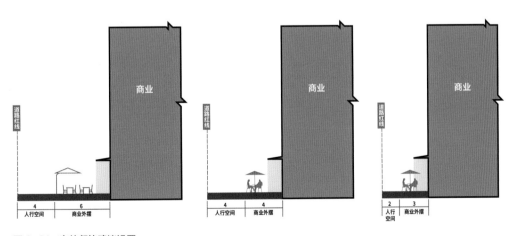

图 3-21　室外餐饮建议设置
（图片来源：编者自绘）

需要强调的是，南方城市室外餐饮多以大排档形式出现，室外座椅摆放往往占据了整个人行通行空间，逼迫行人在就餐区间穿越或者与机动车争道。应严格管控设置大排档的街道；若设置大排档空间占据道路红线空间，应保证步行通行区宽度不低于 2m。

当室外餐饮与商业零售混杂时，可将餐饮区域外移结合设施带设置，将步行空间放置在临建筑侧，使步行流线能够接近零售商户的展示橱窗。

3.3.6 沿街围挡

3.3.6.1 围墙

围墙是产权边界强有力的标识，围墙可分为开敞式、半开敞式、封闭式 3 种。开敞式围墙是指空间上隔而不断的透空形式，一般采用预制混凝土、钢管、铸铁等材质，半开敞式围墙一般指下部采用实体而上部采用透空体，封闭式围墙即为全部采用实体围墙。当行人走在有围墙的街道上，封闭式的围墙会对行人有压迫感，因此围墙设置形式应主要以通透开敞为主。而那些封闭式的围墙主要用在私密性极高的地块，如军事用地、高档别墅区等。

居住型街道、工业型街道和部分综合型街道界面一般有围墙设置。2016 年《中共中央国务院关于进一步加强城乡规划建设管理工作的若干意见》指出，"原则上不再建设封闭住宅小区。已建成的住宅小区和单位大院要逐步打开，实现内部道路公共化"。大地块的围合造成的城市病被诟病多年，即使对于私密性较强的居住小区，国家的主导方向仍旧是开放。因此新地块的开发是否围合封闭每个城市应区别对待。不可否认的是，围墙能够构成相对独立的私密空间，符合中国人居"庭院文化"，完全取消围墙设置既不合理也不现实。

居住小区的围墙高度不低于 1.8m，当用地边界与城市道路相邻时，围墙（含门卫 10m² 以内）应设置在多层建筑退让距离的中部（留出建筑退让空间的一半作为城市绿化景观及管线埋设需求），围墙 0.9m 以上通透率须达到 80%，结合绿化增加视觉深度，栅栏的竖杆间距不应大于 150mm；当用地边界与周边其他用地相邻时，围墙可建设在用地红线上（另有规定除外），可用实体封闭围墙设置（图 3-22）。

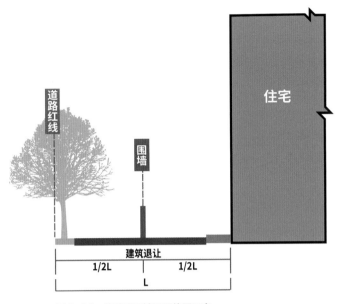

图 3-22 临道路围墙设置位置示意
（图片来源：编者自绘）

城市绿地不宜设置围墙，可因地制宜选择沟渠、绿墙、花篱或栏杆等代替围墙。必须设置围墙的城市绿地宜采用透空花墙或围栏，其高度宜在 0.8 ~ 2.2m。

3.3.6.2 施工围挡

施工用临时围挡物不得占用步行通行区设置，如必须占用时，要为步行通行留出至少 1.5m 的空间。鼓励对施工用临时围墙进行文化宣传及艺术设计（图 3-23）。

图 3-23 施工围墙文化宣传
（图片来源：编者珠海拍摄）

3.4 道路空间设计要求

3.4.1 机动车道空间

3.4.1.1 铺装材料

路面铺装类型通常分为沥青混凝土路面、水泥混凝土路面、砌块路面以及特殊类型的彩色路面。

①沥青路面：是使用沥青材料铺筑的各种类型的路面，俗称黑色路面。

②水泥混凝土路面：以水泥混凝土为主要材料做面层的路面，俗称白色路面。

③砌块路面：是采用普通混凝土预制块和天然石材砌块铺筑的路面结构形式，广泛用于城市各类景观路面。

④彩色路面：是针对特定使用者或特殊场合的一种路面。

路面材料的选择应考虑其适用范围的要求，如表 3-3 所示。

表 3-3　不同路面材料适用范围

路面材料	适用范围
沥青混凝土	快速路、主干路、次干路、支路
水泥混凝土	快速路、主干路、次干路、支路
砌块路面	支路、共享街道
彩色路面	特殊路段（如交叉口、公交专用道）、共享街道

（资料来源：编者整理）

城市街道应优先采用沥青混凝土路面，以便于形成良好的景观视觉效果，且便于养护。共享街道宜采用砌块路面，如花岗岩石板、青石板，以提供高品质的低速环境，营造一个交通平静空间。彩色路面包括任何改变常规沥青磨耗层外观的路面，可考虑在对特定使用者有明显指示作用，或者在其他补救措施都不合适的时候使用。

3.4.1.2 路面结构

主干路采用沥青混凝土路面铺装时，结构厚度应符合计算要求，其结构一般满足上面层采用 SBS 细粒式改性沥青混凝土厚 4cm，中面层采用中粒式普通沥青混凝土厚 6cm，下面层采用粗粒式普通沥青混凝土厚 8cm（图 3-24）。

次干路、支路采用沥青混凝土路面铺装时，结构厚度应符合计算要求，其结构一般满足上面层采用 SBS 细粒式改性沥青混凝土厚 4cm，下面层采用中粒式普通沥青混凝土厚 6cm（图 3-25）。

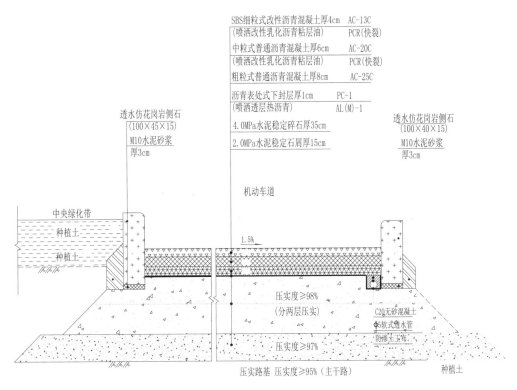

SBS细粒式改性沥青混凝土厚4cm AC-13C
（喷洒改性乳化沥青粘层油） PCR（快裂）
中粒式普通沥青混凝土厚6cm AC-20C
（喷洒改性乳化沥青粘层油） PCR（快裂）
粗粒式普通沥青混凝土厚8cm AC-25C
沥青表处式下封层厚1cm PC-1
（喷洒透层热沥青） AL（M）-1
4.0MPa水泥稳定碎石厚35cm
2.0MPa水泥稳定石屑厚15cm

透水仿花岗岩侧石
（100×45×15）
M10水泥砂浆
厚3cm

透水仿花岗岩侧石
（100×40×15）
M10水泥砂浆
厚3cm

机动车道

中央绿化带
种植土
种植土

1.5%

压实度≥98%
（分两层压实）

C20无砂混凝土
Φ5软式透水管
防渗土工布

压实度≥97%

压实路基 压实度≥95%（主干路）

种植土

图 3-24　主干路路面结构大样图
（图片来源：编者自绘）

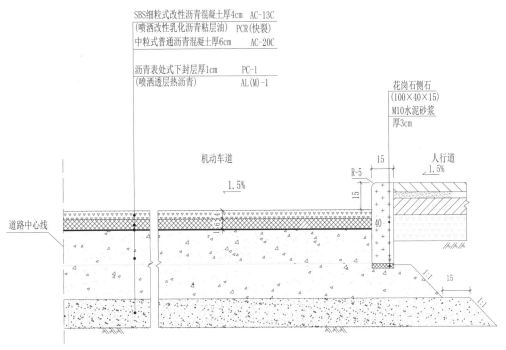

SBS细粒式改性沥青混凝土厚4cm AC-13C
（喷洒改性乳化沥青粘层油） PCR（快裂）
中粒式普通沥青混凝土厚6cm AC-20C
沥青表处式下封层厚1cm PC-1
（喷洒透层热沥青） AL（M）-1

花岗石侧石
（100×40×15）
M10水泥砂浆
厚3cm

机动车道

人行道
1.5%

1.5%

R-5

15

15

40

道路中心线

1:1

15

1:1

图 3-25　次干路、支路路面结构大样图
（图片来源：编者自绘）

3.4.2 人行道空间

3.4.2.1 人行道路面形式

如无特别地形要求，人行道路面应保持标高连续，遇高差应进行无障碍处理。人行道宽度参见前述慢行空间规划管控（图3-26）。

图3-26 人行道遇高差进行缓坡处理
（图片来源：https://www.sohu.com/a/215895939_763435）

3.4.2.2 人行道铺装

人行道与开放式建筑退让空间应一体化设计，统一铺装的材质和形式，使街道空间形成一个整体。

人行道铺装优先选择平整、防滑、环保、耐脏、易清洁的材料（如花岗石、沥青、透水砖等），确保地面平整、干净。

人行道、专用非机动车道和轻型荷载道路，宜采用透水铺装。

目前较多城市进行了城市环境整体提升工程，其中重要的工作就是对人行道进行翻修改造。广州、珠海等南方城市对人行道面层采用花岗岩进行铺装，提升了整个城市街道的品质。但是需要注意的是，这种铺装不应在每个城市不分地域的全面铺开建设，一是因为其建设成本过高，二是不满足海绵城市建设要求。

3.4.2.3 人行道井盖

人行道井盖应与路面齐平，不影响行人通行体验。井盖与井座表面应平整、材质均匀，无影响产品使用的缺陷。井盖表面色泽宜与所在道路和谐统一（图3-27）。

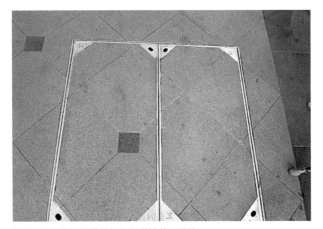

图 3-27 人行道井盖与人行道铺装和谐统一

（图片来源：http://ncwb.cnncw.cn/shtml/news/20181120/11337333.
html）

3.4.3 非机动车道空间

为了保持非机动车道的骑行安全性，新建道路非机动车道宜为独立空间，不宜与机动车道、人行道共板设计。但是受城市机动化发展的影响，各地城市在改建道路中，逐步压缩非机动车道空间，独立的非机动车道空间变得难能可贵。非机动车道宽度参见前述慢行空间规划管控。

3.4.3.1 设置形式

南方城市在干路改造过程中采用较多的是"人非混行"断面。对于非机动车与人行道共板设置，宜符合以下设置条件：

①非机动车道 + 人行道宽度 ≥ 4.5m，宜设置路缘石及高差分离形式，高差宜控制 5 ~ 10cm。

②非机动车道 + 人行道宽度 <4.5m，可设置路平石。

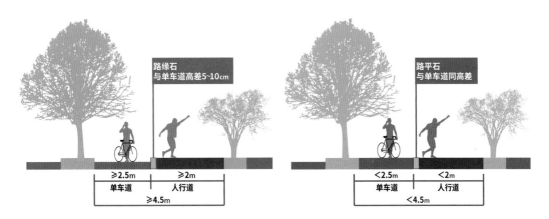

图 3-28 非机动车道与人行道高差处理形式

（图片来源：编者自绘）

对于城市支路系统，一般会采取"机非混行"，目前"机非混行"道路有两个主要问题：一是非机动车量较少，且在缺乏监控管理的情况下，非机动车道一般为停车所占；二是采用标线施划的非机动车道过窄，存在交通安全隐患。

本书建议当采用"机非混行"设置时，非机动车道宽度不宜小于1.5m，宜用震动标线施划隔离机动车道，两条标线距离50cm。50cm间距主要考虑的是机动车临时停车开门动作不要对非机动车骑行造成过大干扰（图3-29）。

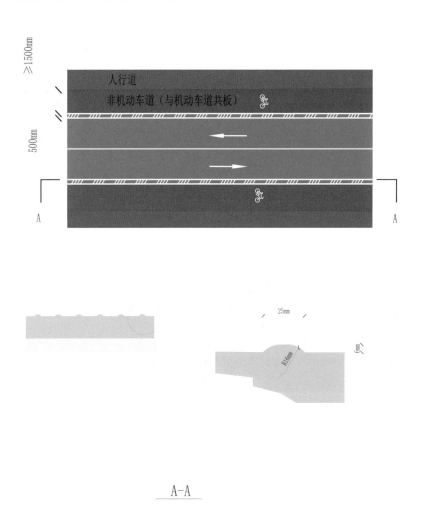

A-A

图3-29 机非混行震动双标线设计大样图
（图片来源：编者自绘）

非机动车道应采用标志标线进行明确路权，应按照国家规范严格设置，标牌设计高度应有足够的头顶空隙，以2.4m为最低限度，应尽量减少视觉混乱并与现有的街道设施相匹配，可以进行多杆合一设置（图3-30）。

图3-30　非机动车专有道路示意
（图片来源：https://www.sohu.com/a/191296634_355956）

3.4.3.2 铺装

非机动车道优先采用沥青铺装，且满足平整、防滑、耐磨、美观的要求。

考虑到非机动车道的防滑，应避免使用表面光滑的天然石材铺设，在路口铺设的路缘石要求进行表面打毛处理。

为了体现绿色交通优先，非机动车道铺装应区别于公交专用道、人行道的铺装颜色。每个城市对非机动车道铺装颜色有不同的要求，如上海推荐采用绿色，深圳前海采用墨蓝色，珠海市区采用红色，珠海横琴采用蓝色。

3.4.3.3 非机动车道井盖

非机动车上的井盖往往会影响骑行的舒适性。相对于井盖的凹陷，自行车骑行者比机动车更敏感，因此需要强调井盖施工的"工匠精神"，可采用防沉降井盖处理（图3-31）。

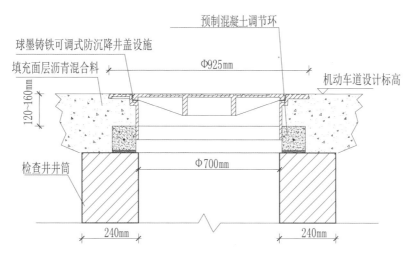

图3-31　新型防沉降井盖设计大样图
（图片来源：编者自绘）

3.4.4 交叉口空间

3.4.4.1 交叉口展宽及渐变段

相交道路的次干道等级及以上道路原则需展宽渠化，相交的支路可不设展宽。交叉口展宽及渐变段严格执行《城市道路交叉口规划规范》GB 50647—2011、《城市道路交叉口设计规程》CJJ 152—2010、《城市道路工程设计规范》CJJ 37—2012。对于交叉口的展宽渠化，应根据道路性质、交通流量、交通转向进行确定，遵循紧凑型设计原则，并应保障慢行交通通行的安全性、便捷性、舒适性。

需要说明的是，交叉口展宽设计除满足国家及地方标准规定外，还应注意以下几点：

一是交叉口空间布局应结合街道类型与建设条件进行整体设置，交叉口渠化设计应保持人行和非机动车最小尺寸的通行空间。

二是在提倡的"窄马路、密路网"道路系统规划情境下，按照标准规范两个相邻交叉口均应进行展宽渠化，但是其间距小于规范要求的"展宽段 + 渐变段"长度之和的，可做路段整体展宽（亦即对整条道路进行拓宽），但是在交通工程设计中应进行两交叉口的协调规划设计。

三是进出口道部位机动车道总宽度大于 16m 时，规划人行过街横道应设置行人过街安全岛，进口道规划红线展宽宽度必须在进口道展宽的基础上再增加 2m。

3.4.4.2 交叉口缩窄

交叉口缩窄适用于有路内停车或机非混行的路段，这种道路一般为城市支路。交叉口缩窄长度和宽度参照前述交叉口规划空间管控执行（图 3-32）。

交叉口缩窄宜与交叉口抬升、小转弯半径同步处理（图 3-33）。

交叉口抬升设计目前国内没有形成统一的规范，根据《文明的街道——交通稳静化指南》一书对世界各地交通稳静化设计考察，交叉口抬升设计应注重以下几点：

一是抬高高度与人行道同标高，整个抬高平面可做无障碍过街处理。

二是对于抬升坡度多少合适。根据荷兰的经验，抬升坡度越陡，减速效果越强，但是车辆通过的舒适性就会降低，并且不利于部分车辆通行。实验表明，当不考虑公交及救护车辆通行时，抬升坡度可达到 1 ：6；当交通比较繁忙，且需要通行公交车、救护车等，斜坡坡度应降低至 1 ：15 或者 1 ：20。《伦敦市街道设计导则》中对路口抬升坡度的建议最大值为 1 ：10。因此本书对交叉口抬升坡度推荐最大值采用 1 ：10。

三是对于抬升交叉口范围内的材料选择。根据英国及德国的经验，抬升斜坡受车行减速影响，其材料必须经受相对于正常路面强度较高的磨损和撕裂，因此对施工工艺及材料选择要求较高。经验表明，砖砌的柏油碎石或者鹅卵石是抬升交叉口及路拱最有效的材料。

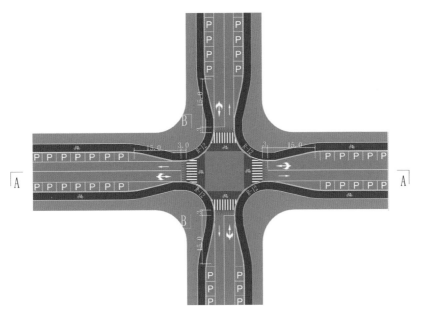

图 3-32 交叉口缩窄平面示意
（图片来源：编者自绘）

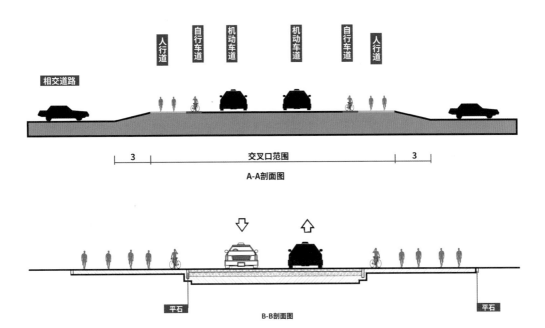

图 3-33 交叉口缩窄并抬升局部大样
（图片来源：编者自绘）

3.4.4.3 交叉口公交设施

（1）常规公交专用道交叉口

珠海市对公交运作观测数据表明，公交专用道上公交运营速度明显高于非公交专用道。而对于公交专用道的建设，部分公交专用道延伸至交叉口，另有部分公交专用道未能延伸至交叉口，通过对这两种公交专用道运作效率的对比发现，延伸至交叉口且严格执法的公交专用道，其高峰期公交运作效率最高；未能延伸至交叉口的公交专用道延误较大，与无公交专用道廊道的公交运作效率相当。因此，采用公交专用道体现公交优先理念，最重要的是将公交专用道延伸至交叉口进口道，并确保信号优先及严格执法。

当交叉口右转交通量较大，且路段长度满足右转车辆与公交车交织变道时，公交专用道可设置在次右侧车道，并在交叉口进口道前方区域设置变道交织段，为社会右转车辆指定变道位置，规范行车行为，提高交通安全。根据国家规范要求，交织段的设置宜在交叉口停车线之前 60m以上，交织段长度应 >30m，以满足车辆变道所需距离。出口道公交专用道的起点离对侧进口道停车线延长线的距离可取 30 ~ 50m，交织段长度宜取 40m。对于右进右出交叉口，公交专用道在交叉口出入口前应设置交织段，交织段长度应 >30m，满足车辆进出的变道需求。公交专用车道宽度 ≥ 3.5m。在工程设计中应根据交通需求计算，结合交叉口拓宽要求进行尺寸设计（图3-34，图3-35）。

需要说明的是，这种常规路侧式公交专用道设置，一般是满足直行公交廊道需要，对于左转的公交廊道，可对公交专用道设置独立的信号控制。

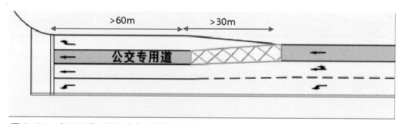

图 3-34　交叉口进口道公交专用道设置示意
（图片来源：编者自绘）

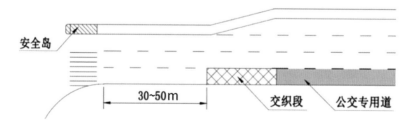

图 3-35　交叉口出口道公交专用道设置示意
（图片来源：编者自绘）

（2）交叉口范围设置公交停靠站

对于新建或改建交叉口，公交停靠站都应布置在交叉口的下游。在下游布置停靠站有困难时，可将直行或右转线路的停靠站设在交叉口的上游。

当公交停靠站布置在交叉口上游、进口道右侧展宽增加的车道时，停靠站应设在该车道展宽段之前，且距离≥15m，并将拓宽车道加上公交站台长度后作一体化设计；进口道右侧无展宽增加的车道时，停靠站位置应在右侧车道最大排队长度上再加15～20m，停靠站长度按实际需要确定。

当公交停靠站布置在交叉口下游、下游右侧展宽增加车道情况下，应设在展宽段之后，且距离≥15m；在下游右侧不展宽但设停靠站时，停靠站在干路上距停车线≥50m，支路≥30m。

3.4.5 掉头口

掉头车流是对道路交通运行影响最大的机动车流，其设置对于交通效率和安全改善具有重要作用。选择在路段还是路口设置掉头车道，需要根据道路交通量、掉头交通量、道路条件等情况综合确定。美国联邦公路管理局（Federal Highway Administration，FHWA）及国家公路与运输协会（American Association of State Highway and Transportation Officials，AASHTO）研究普遍认为，路口掉头车道设置对交叉口安全和效率影响最大，掉头车流尽可能通过交叉口前的路段或远引掉头，通过中央分隔带开口设置掉头车道完成。

应从区域交通组织的角度分析是否需要设置掉头车道，以下情形时宜设置掉头口：

①当禁止掉头后车辆会产生过远的绕行距离时（一般绕行距离大于1km）应设置掉头口；

②当交叉口禁止左转后，可通过在直行和右转车流方向的下游设置掉头口，即车辆远引掉头的方式完成车辆左转；

③用地条件允许时优先选择设置专用车道的掉头口。

以下情形时，不应设置掉头口：

机动车在铁路道口、人行横道、桥梁、急弯、陡坡、隧道等容易发生危险或引起交通阻塞的路段或交叉口处，不应设置掉头口。

美国国家公路与运输协会对在中央分隔带设置掉头车道时也给出了明确的指标要求，允许掉头的中央分隔带宽度应至少满足表3-4要求。

表3-4 允许掉头的中央分隔带宽度

掉头车辆轨迹	中央分隔带最小宽度（m）					
	乘用车（5.7m）	单节卡车（9m）	大型铰接卡车（12m）	大型铰接卡车（16.5m）	大型铰接卡车（19.6m）	公交车
内侧车道至对向内侧车道	9	19	18	21	21	19
内侧车道至对向第二车道	5.3	15.3	15	18	18	15.3
内侧车道至对向第三车道	2	12	12	15	15	12

（资料来源：编者根据美国AASHTO资料整理）

国内城市道路中央分隔带普遍比美国规定宽度要窄，基于现状，本书对路段掉头口中央分隔带的宽度做些指引。

3.4.5.1 普通单向掉头

设计形式：掉头车辆直接利用中央分隔带或者道路标线的开口掉头，未辅以压缩中央分隔带或拓宽道路红线增设专用掉头车道等措施，同时应设置相应的交通标志、标线。

适用条件：中央绿化带宽度 <4.5m，且只适用于小汽车掉头，掉头车辆较少的情况下（图 3-36）。

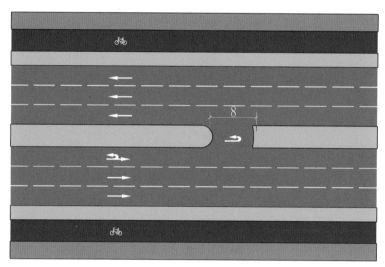

图 3-36 普通单向掉头
（图片来源：编者自绘）

3.4.5.2 设置专用车道的单向掉头

设计形式：通过压缩中央分隔带或者拓宽道路红线设置掉头专用车道，可有效地分流交通流，并为无法及时完成掉头的车辆提供蓄车空间，如图 3-37 设置形式 A 和 B。设置单向掉头同时应设置相应的交通标志、标线。

适用条件：掉头车辆较多，设置形式 A 中央绿化带宽度 4.5 ~ 6m，设置形式 B 中央绿化带宽度 6 ~ 8m。

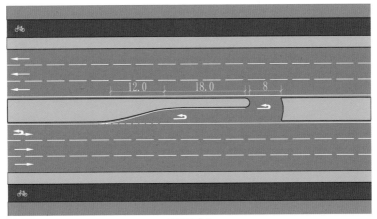

设置形式 A

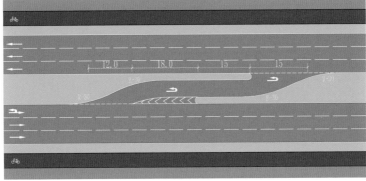

设置形式 B

图 3-37　设置专用车道的单向掉头
（图片来源：编者自绘）

3.4.5.3 鱼肚式掉头

设计形式：通过两侧压缩中央分隔带或者拓宽道路红线设置掉头专用车道，可为进口和出口车辆提供专用蓄车空间，同时应设置相应的交通标志、标线。

适用条件：掉头车辆较多，中央绿化带宽度≥8m（图 3-38）。

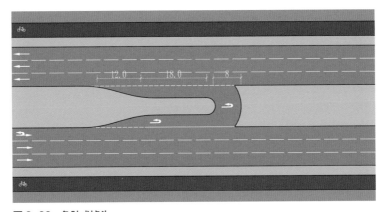

图 3-38　鱼肚式掉头
（图片来源：编者自绘）

3.4.5.4 交叉口掉头

为了规范交叉口掉头设置位置，尽量规避交叉口掉头占据左转车道空间，影响交叉口行车效率，对交叉口掉头特作出如下规定：

①交叉口范围掉头口应设置在进口道；

②掉头口设置位置应距停止线不小于交叉口展宽段长度；

③掉头口车道宽度≥ 8m；

④交叉口掉头口不应与地块开口、公交港湾停靠站等设施交通流冲突；

⑤交叉口掉头口前后 15 ~ 20m 范围应采用通透式植物配置（图 3-39）。

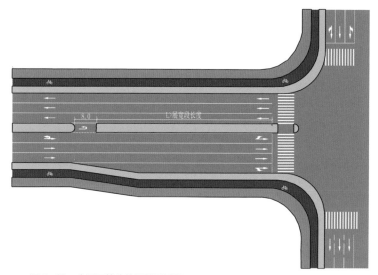

图 3-39　交叉口掉头位置设置示意
（图片来源：编者自绘）

3.4.6 地块出入口

沿街地块出入口原则要求人行出入口宜与机动车出入口分离设计，且机动车出入口设置在地块周边等级最低的道路上。

目前地方城市规划管理规定一般对地块开口设计均基于机动化的需求出发，按照规范要求进行了坡道的设计，但是仍对非机动车及残障人士考虑不足。表现突出的问题是在人非共板的道路上，在地块出入口处均采用慢行空间上下坡道的设计形式，这种设计对非机动车极度不友好，骑行者不愿意在竖向起伏空间中骑行，造成了大量非机动车与机动车抢道通行的情况发生（图 3-40）。

图 3-40　错误的地块出入口设置
（图片来源：编者横琴新区拍摄）

地块出入口宜优先保证道路人行道及非机动车道平顺、连续，对于人非合并的道路，建议抬升机动车地块出入口与人行道及非机动车道齐平，同时保证机动车低速安全通过，抬升处采用鲜明颜色涂装，抬升坡度与前述交叉口抬升一致，最大坡度 1：10，抬升处材料宜采用砖砌的柏油碎石或者鹅卵石（图 3-41，图 3-42）。

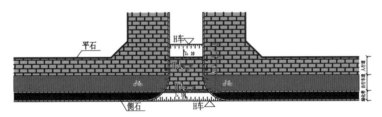

图 3-41　沿街地块出入口平面大样图
（图片来源：编者自绘）

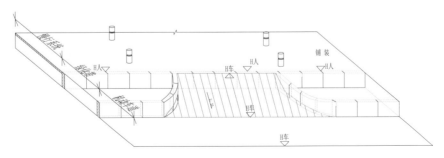

图 3-42　沿街地块出入口轴侧大样图
（图片来源：编者自绘）

3.4.7 人行过街

3.4.7.1 平面过街

过街横道的设置应符合行人过街期望线，与路口行人流量以及行人过街特征相适应，同时与人行道良好衔接（图3-43）。

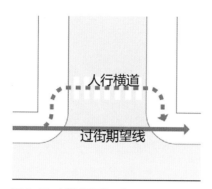

图3-43　过街期望线示意图
（图片来源：《城市步行和自行车交通系统规划设计导则》）

过街横道应设置在车辆驾驶员容易看清的位置，尽量与车行道垂直，平行于路段路缘石的延长线，并在转角部分设置护栏、灌木带等隔离设施。在右转车辆容易与行人发生冲突的交叉口，过街横道宜后退路段路缘石的延长线 2 ～ 4m。

人行横道宽度 ≥ 3m，在上游 75 ～ 100m 应设置车辆限速、警示及行人指路标志。

居住、商业等步行密集地区的过街设施间距不应大于 250m，步行活动较少地区的过街设施间距不宜大于 400m。

结合公交停靠站设置的人行横道，原则上应设置在停靠站上游。

重点公共设施出入口与周边过街设施间距宜满足下列要求：

①过街设施距公交站及轨道站出入口不宜大于 30m；

②学校、幼儿园、医院、养老院等门前应设置人行过街设施，过街设施距单位门口距离不宜大于 30m；

③过街设施距居住区、大型商业设施公共活动中心的出入口不宜大于 50m。

当人行过街横道长度大于 16m 时，应在人行横道中间设置行人二次过街安全岛，安全岛宽度不宜小于 2m。安全岛标高宜与机动车道标高相同，实现非机动车骑行的舒适性，但需要加装车止石等安全防护设施。安全岛类型包括垂直式、倾斜式和栏杆诱导式（图3-44）。

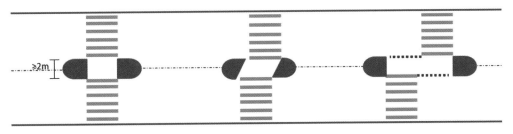

图 3-44　安全岛类型：垂直式（左）、倾斜式（中）、栏杆诱导式（右）
（图片来源：《城市步行和自行车交通系统规划设计导则》）

　　利用道路中央分隔带做二次过街安全岛，应保留隔带端部 1 ～ 2m。新建二次过街安全岛，应当合理设置平行于车道的隔离护栏，保障行人和非机动车过街安全。在设置机动车右转安全岛时，应采取机动车减速、标志标线等提示措施减弱过街行人和右转机动车的冲突，保障行人过街安全，右转安全岛的过街面标高宜与机动车道标高相同，在出入口处加装车止石等安全设施。

　　平面过街分为直线形（图 3-45）过街和 Z 字形（图 3-46）过街，Z 字形能够容纳更多的过街行人，但是对自行车骑行来说不够友好，过街的设置方向应为机动车道来车方向，方便行人视野，能及时了解行车情况。

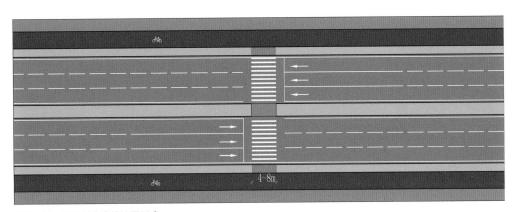

图 3-45　平面过街直线设置形式
（图片来源：编者自绘）

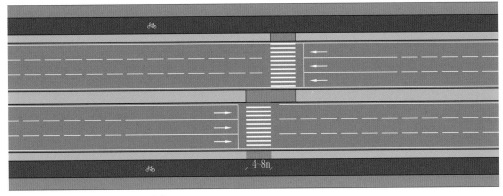

图 3-46　平面过街 Z 字形设置形式
（图片来源：编者自绘）

平面过街横道可采用不同颜色进行铺装（图 3-47），同时也可采取趣味斑马线形式，提高司机警觉性降低车速，同时能够给过街市民带来街道趣味体验（图 3-48）。

图 3-47 人行平面过街蓝白铺装（横琴环岛东路）
（图片来源：编者拍摄）

文化过街斑马线

趣味过街斑马线

图 3-48 趣味化的过街斑马线
（图片来源：百度图片）

鼓励交叉口进行非机动车和行人过街分离。在交叉口范围，人行道与非机动车道之间不应设置高差，可用标线分隔，宜采用不同的颜色进行铺装。非机动车过街空间宜设在靠近交叉口中心一侧，形成口字形连续环道。

非机动车过街横道和人行横道宽度应满足最小宽度要求，非机动车过街横道不少于 2.5m，人行横道宽度不少于 3m。建议干路人非分离过街横道宽度大于 6.5m，支路大于 5.5m。

非机动车过街设施的位置、数量宜与行人过街设施统一规划设置。

行人过街横道及与之衔接的人行道交接处应做成坡道，与交通岛交接处宜做成相同标高，便于自行车骑行，且不得有任何阻碍行人行走的障碍物。

行人过街横道进出口两侧沿路缘石 30～120m 的距离内，宜设行人护栏，或采用具有分隔作用的灌木带等设施，将行人与车辆在空间上分离；主干路取上限，支路取下限，次干路取中间值（表 3-5，图 3-49）。

表 3-5 人非分离过街横道宽度

分类	非机动车过街横道道宽度 /m	人行横道宽度 /m	宽度合计 /m
干路	≥ 3.5	≥ 3	≥ 6.5
支路	≥ 2.5	≥ 3	≥ 5.5

（资料来源：编者整理）

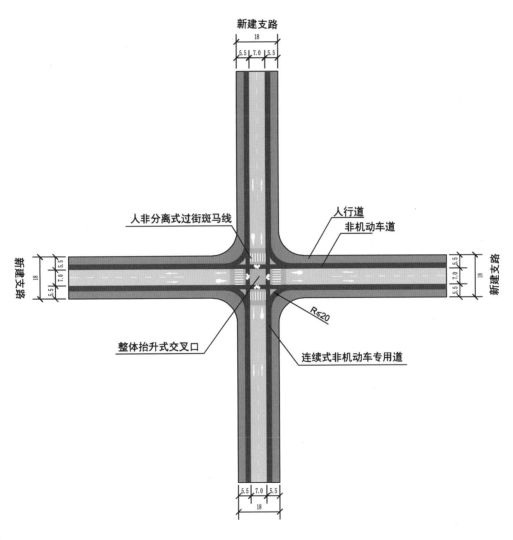

图 3-49 交叉口人非分离过街平面布置大样图
（图片来源：编者自绘）

3.4.7.2 立体过街

立体过街设施材质与形式宜与周围建筑有机协调，在设计阶段，应进行方案的美学比选。

在城市核心区域及景观敏感区域，立体过街设施应与街道建筑有机协调，宜以人行地道为主，当采用人行天桥形式时，要注重城市景观和细部材料的艺术化运用，宜采用通透、灵巧的材料，宜设置顶棚，宜设置自动扶梯或垂直升降电梯。

当设置人行天桥时，宜对人行天桥栏杆外侧悬挂盆栽花加以装饰。

设置立体过街时，过街设施接入点不应占用人行道和非机动车道宽度，确实需要占用时，应当局部拓宽道路红线，人行道和非机动车道宽度应满足最小尺寸要求。

人行地道设计基本要求如下：

①人行地道的最小净高为 2.5m，其净宽不宜小于 3.75m；

②人行地道的无障碍设施，可按照本书的盲道等相关指引统一设置，距坡道与梯道 0.25 ~ 0.5m 处应设提示盲道，长度应与坡道、梯道宽度相对应，并与人行道中行进盲道相连接，以形成完善的无障碍步行系统；

③人行地道的上口必须设置护墙，并有一定的安全高度，一般高于路面 0.2m 以上为宜，护墙上要同时设置护栏，护墙装饰材料的选择与周围环境也要协调一致；

④地道出入口要设置阻水设施，防止地面的水倒灌入地道内，一般设计成台阶，为方便轮椅使用者出行，也可设计成斜坡形式；

⑤人行地道出入口构筑物造型应与周围环境相协调；

⑥人行地道的导向标志，应设置在地道入口处及分叉处；

⑦可考虑将绿化引入人行地道，不但改善隧道内部空气质量，也减少人们对地下空间的不良心理反应；

⑧人行地道应通过明快的色彩有效改善行人在隧道空间内的压抑感，并起到统一地下空间的作用；

⑨人行地道应处理出入口内部光线与外界自然光的过渡关系，避免给人们带来瞬间的"失明"或"眩光"等问题；

⑩人行地道可通过内部空间环境设计、出入口形象设计、设施设置及管理特色来体现人文艺术精神。

3.4.8 无障碍设施

3.4.8.1 盲道

城市街道宜按照《无障碍设计规范》GB 50763—2012 国家规范进行盲道设计，具体设计要求如下：

①人行道外侧有围墙、花坛或绿化带时，行进盲道宜设在距围墙、花坛、绿化带边缘

250 ～ 500mm 处；

②人行道内侧有树池时，行进盲道宜设在距树池边缘 250 ～ 500mm 处；

③人行道没有树池时，若行进盲道与路缘石上沿在同一水平面，距路缘石不应小于 250mm；盲道应避开非机动车停放位置；

④人行道中有台阶、坡道和灯杆、检查井等障碍物时，在相距 250 ～ 500mm 处，应设提示盲道；

⑤在人行天桥及地下通道等出入口处距出入口 250 ～ 500mm 处应设提示盲道，提示盲道长度与出入口宽度应相对应。

需要说明的两点：

一是盲道应连续、平顺，避免局部缺失、打断或不必要的转折，盲道两侧各 250mm 范围内不得有障碍物（图 3-50）。

错误的铺设　　　　　　　　　　　　　　　正确的铺设

图 3-50　盲道设置
（图片来源：编者拍摄）

二是随着科技日新月异，盲人依赖于盲道出行的必要性逐步减小，部分街道可尝试取消盲道。

3.4.8.2　缘石坡道

人行道在交叉路口、街坊路口、单位出入口、广场出入口、人行横道及桥梁、隧道、立体交叉范围等行人通行位置或通行线路存在高差的地方，均应设缘石坡道，以方便人们使用。缘石坡道的坡面应平整、防滑（图 3-51）。

缘石坡道具体设计要求详见《无障碍设计规范》GB 50763—2012：

①缘石坡道的坡口与车行道之间应没有高差；当有高差时，高出车行道的地面不应大于 10mm；

②宜优先选用全宽式单面坡缘石坡道；

③全宽式单面坡缘石坡道的坡度不应大于 1 ：20；

④全宽式单面坡缘石坡道的宽度应与人行道宽度相同；

⑤三面坡缘石坡道正面及侧面的坡度不应大于 1∶12；

⑥三面坡缘石坡道的正面坡道宽度不应小于 1.20m（图 3-52）；

⑦其他形式的缘石坡道的坡度均不应大于 1∶12；

⑧其他形式的缘石坡道的坡口宽度均不应小于 1.5m。

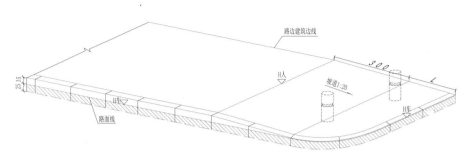

图 3-51 全宽式单面坡缘石坡道示意图
（图片来源：编者自绘）

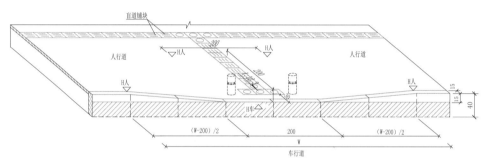

图 3-52 三面坡缘石坡道示意图
（图片来源：编者自绘）

3.4.8.3 轮椅坡道

城市街道上有台阶、梯道处都应配备相应的坡道，方便行走不便的人群。

坡道宜设计成直线形、直角形或折返形。轮椅坡道的净宽度不应小于 1m，无障碍出入口的轮椅坡道净宽度不应小于 1.2m。轮椅坡道的高度超过 300mm 且坡度大于 1∶20 时，应在两侧设置扶手；坡道与休息平台的扶手应保持连贯，扶手应符合《无障碍设计规范》GB 50763—2012 的要求。轮椅坡道的坡面应平整、防滑、无反光。轮椅坡道临空侧应设置安全阻挡措施。

3.4.9 公共交通空间

3.4.9.1 公交专用道

应根据公交客流走廊合理设置公交专用道。常规公交专用道宜设置在最外侧，宽度 3.5m，公交专用道宜用区别于车行道颜色的沥青铺装。每个城市对公交专用道的颜色选择不同，上海和珠海市推荐采用红色，横琴新区推荐采用蓝色。

3.4.9.2 公交停靠站

干线道路上的公交站宜采用港湾式公交停靠站，支路宜采用直接式公交停靠站。当港湾式公交站台与交叉口结合设置时，宜设置在出口道，且与出口道展宽段一体化设计（图3-53）。

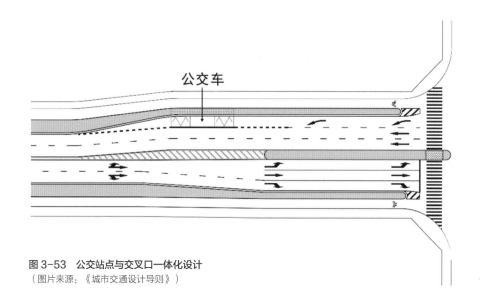

图3-53 公交站点与交叉口一体化设计
（图片来源：《城市交通设计导则》）

直接式公交站设计要求如下：

①公交站台按30m设置；

②公交停靠车位按14m进行设计；

③直接式公交站均需用标线进行施划；

④进站减速段按15m设置，出站加速段按20m设置（图3-54）。

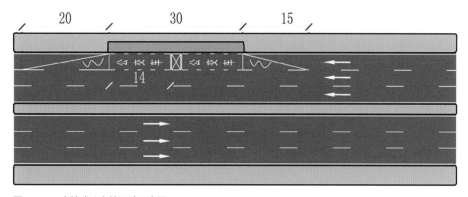

图3-54 直接式公交站设计示意图
（图片来源：编者自绘）

港湾式公交站设计要求如下：

①公交站台按≥ 35m 设置；

②进站减速段按≥ 15m 设置；

③出站加速段按≥ 20m 设置。

港湾式公交站视条件可设置为浅港湾和深港湾两种（图 3-55，图 3-56）。当有公交专用道设置时，港湾式公交站港湾区段应与公交专用道铺装风格保持一致，当无公交专用道设置时，可采用不同颜色进行港湾区段的铺装以明确路权。

浅港湾和深港湾公交站台与车道宽度设计尺寸宜满足表 3-6 要求。

表 3-6　港湾公交站设计尺寸

设计参数	尺寸（m）	
公交站台宽度	单侧停靠	≥ 3.5
	双侧停靠	≥ 5
公交车道宽度	浅港湾	≥ 3
	深港湾（分离式车道）	≥ 6

（资料来源：编者整理）

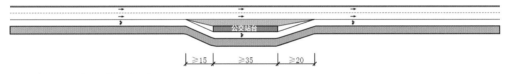

图 3-55　浅港湾公交站设计示意图
（图片来源：编者自绘）

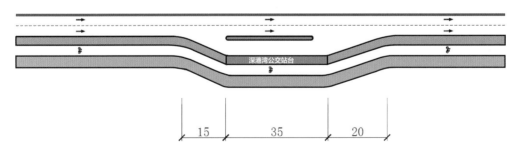

图 3-56　深港湾公交站设计示意图
（图片来源：编者自绘）

公交停靠站宜错位式设计（尾尾对接），当公交排队车辆过长妨碍行人过街时，可采用头头对接，距离不小于 30m（图 3-57）。

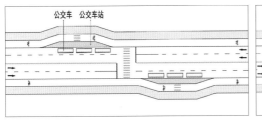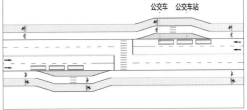

图 3-57　尾尾对接与头头对接
（图片来源：《城市交通设计导则》）

非机动车道应设置在公交站台背后绕行（图 3-58）。

图 3-58　公交站台设置在机非隔离带
（图片来源：编者珠海拍摄）

3.4.9.3 公交站牌

设置候车亭的车站，公交站牌应设置在候车亭两侧，站牌标识面向候车亭垂直于行车道。未设置候车亭的车站，公交站牌应设置在站台停车方向的前方，站牌垂直于行车道。公交站牌的最外边距路缘石外沿不宜小于 0.4m。

3.4.9.4 公交站候车亭

候车亭设置数量（或长度）宜根据公交车站客流量、运营线路数量、车辆停靠量等因素综合确定。

公交站台高度宜与人行道平齐，快速公交站台设计应强调水平蹬车。站台宽度不应小于2m。人行道上设置公交候车亭时，人行道应保证至少 1.5m 的通行空间。公交站牌的最外边距路缘石外沿不宜小于 0.4m。

应注重公交站候车亭风格设计，候车亭风格应体现城市特色（图 3-59）。

图 3-59 珠海公交站候车亭风格
（图片来源：编者珠海拍摄）

3.4.10 出租车上落客点

出租车站点位置设置应满足以下条件：

①在已建的交通枢纽站和城市公共交通枢纽站等客流量大的站点，周边道路应设置出租车上落客点；

②对医院、大型企事业单位、商业中心，以及部分公共建筑、居住小区等没有规划建设出租车上落客点的地段，应加大出租车停靠点的设置并及时完善相关设施；

③出租车上落客点的设置应结合道路功能，宜设置在生活性道路上，尽量避免在交通性道路上设置出租车上落客点；

④出租车上落客点应尽量靠近人流集散场所的出入口处。

以下路段不应设置出租车上落客点：

①根据道路等级，交叉口上游车道离转角路缘石曲线的端点起向上游方向 80 ~ 150m，下游车道离转角路缘石曲线的端点起向下游方向 50 ~ 80m 的范围内，等级高的道路取上限，等级低的道路取下限，并应结合道路交叉口展宽段及渐变段长度等具体情况综合考虑；

②在人行横道、施工地段；

③隧道口、高架道路上下匝道口以及距离上述地点 50m 以内的道路；

④公共汽电站点、急救站、加油站、消防设施以及距离上述地点 30m 以内的路段；

⑤车行道一侧已有占路障碍物，另一侧距障碍物 30m 以内的路段。

出租车专用停车泊位标线宜采用蓝色边框，应在停车泊位内标注"出租车"的文字，可单独设置。出租车专用停车泊位标线分为两种形式：

①出租车专用待客停车泊位标线。停车泊位标线为实线，表示出租车专用待客停车泊位，如图 3-60 所示。

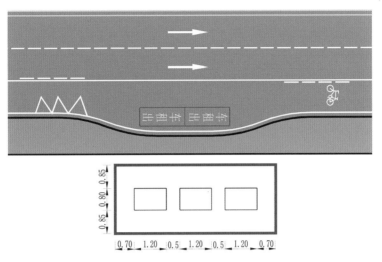

图 3-60　出租车专用待客停车泊位标线
（图片来源：《道路交通标志和标线》）

②出租车专用上落客停车泊位标线。停车泊位标线为虚线，仅允许出租车短时停车上落客，如图 3-61 所示。

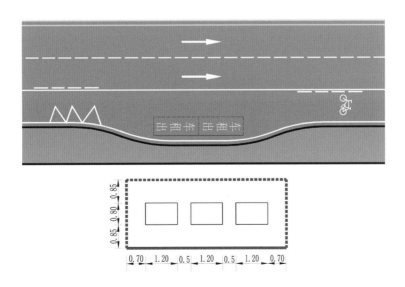

图 3-61　出租车专用上落客停车泊位标线
（图片来源：《道路交通标志和标线》）

3.4.11 路内停车设施

路内停车目前仍是各城市停车系统的有效补充形式，特别是对于老城区等停车位配建严重缺口的地区，路内停车是短时停放最有效的方式。合理的设计与管理路内停车是保障道路正常运作的有效手段。

路内停车设置条件如下：

①在一些非机动车流量小的道路、道路利用率低的道路，可设置路内停车位；

②次干路和支路机动车道宽度在 10m 以上、实施了单向交通且现状道路交通饱和度低于 0.8 时，允许设置路内停车，但必须以行车通畅和单侧布置为原则。

根据路内停车规划管控，路内停车一般分为传统的路内停车带和结合退让的港湾式路内停车带两种。路内停车可结合收费咪表同步设置。

对于传统的路内停车带设置，可按照每两个泊位为一组，每个泊位 5.5m 长、2 ~ 2.5m 宽（含边线宽度），每组的两个泊位之间不共线，组与组之间间隔 1.8m。路内停车道路两端各设置 1 处路内停车标牌。路内停车不应压缩人行道或非机动车道的基本通行空间。路内停车可配合交叉口窄化设计（图 3-62，图 3-63）。

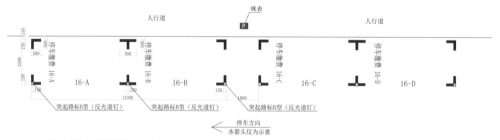

图 3-62　路内停车标线施划设计形式
（图片来源：编者自绘）

图 3-63　路内停车标牌设计形式
（图片来源：《城市道路路内停车管理设施应用指南》）

对于结合退让空间进行港湾式路内停车设置，可细分为两种形式：深港湾式（图3-64）或浅港湾式（图3-65）停车。

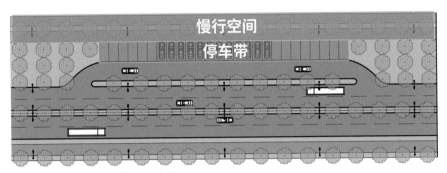

图3-64 深港湾式停车带平面示意图
（资料来源：编者自绘）

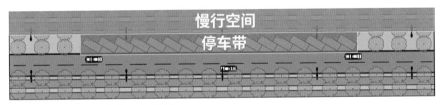

图3-65 浅港湾式停车带平面示意图
（图片来源：编者自绘）

路内停车虽然能够有效解决停车问题，但是不当的路内停车会对交通造成严重拥堵及安全隐患，以下参考国家相关规定列出禁止设置路内停车区域：

①快速路和主干路的主道；

②人行横道，人行道（依《道路交通安全法》第三十三条规定施划的停车泊位除外）；

③交叉路口、铁路道口、急弯路、宽度不足4m的窄路、桥梁、陡坡、隧道；

④急救站、加油站、消火栓或者消防队（站）门前以及距离上述地点30m以内的路段；

⑤水、电、气等地下管道工作井以及距离上述地点1.5m以内的路段；

⑥道路沿线的地块出入口前后；

⑦消防通道、无障碍通道不得设置路内停车；

⑧道路交叉口和学校出入口、公共交通站点附近15m范围内不得设置路内停车。

设置于交叉路口、铁路道口、地块出入口等禁停标线以地面黄色网格线为标识（图3-66）。

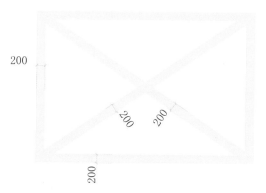

图 3-66 禁停网格线设计示意（mm）
（图片来源：《道路交通标志和标线》）

路段禁停按照禁止停车和禁止长期停车分开施划。

禁止停车标线为黄色实线，宽度为 15cm，施划于道路缘石正面及顶面，无缘石的道路可施划于路面上，距路面边缘 30cm，或与缘石宽度相同，施划的长度表示禁停的范围（图 3-67）。

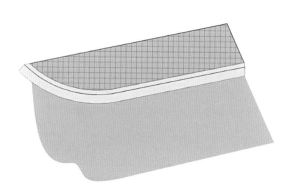

图 3-67 禁止停车示意
（图片来源：《道路交通标志和标线》）

禁止长时停车标线用以禁止路边长时停放车辆，但一般情况下允许上落客或装卸货物的临时停放。禁止长时停车线为黄色虚线，宽度为 15cm，施划于道路缘石正面及顶面，无缘石的道路可施划于路面上，距路面边缘 30cm，或与缘石宽度相同，线段长 100cm，间隔 100cm（图3-68）。

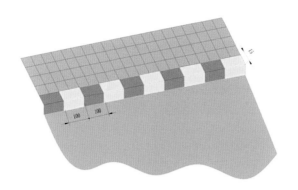

图 3-68　禁止长时停车示意
（图片来源：《道路交通标志和标线》）

3.4.12　路缘石、车止石、车转石

3.4.12.1　路缘石

路缘石一般用于划分道路空间，高度与两侧空间的使用功能有关。一般等级较高的道路，其路缘石高度一般采用高值，能够保证安全性，而等级较低的道路，可降低路缘石的高度。在一些人流量非常大的商业型街道以及受交通管制的居住型街道，可采用共享街道模式建设，路缘石高度应为 0，或者不利用路缘石严格划分道路空间。

参照《广州市城市道路全要素设计手册（2018）》，对外露高度规定如表 3-7 所示。

表 3-7　路缘石外露高度参考表

应用	路缘石外露高度
中央分隔带路侧高度	150～200mm
位于公交站点的标准路侧高度	100～150mm
划分人行道和车行道的路侧高度	100～150mm
划分人行道和非机动车道的路侧高度	0～100mm
斑马线处的标准路侧高度	0（即水平）
	10mm 为允许的最大值

（资料来源：《广州市城市道路全要素设计手册》）

为了提升街道品质,对于城市干路,绿化带边的路缘石可采用高侧石体现城市形象(图3-69)。

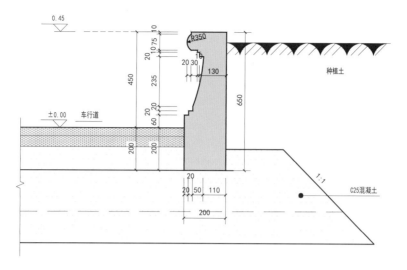

图 3-69　高侧石结构大样图
（图片来源：编者自绘）

对于海绵城市街道，路缘石还应结合海绵设计要求同步设计。

路缘石在转角处、弯道处以及避让圆形井盖等障碍物时，应结合现场情况采用曲线形成品；曲线形路缘石弧长不宜小于 0.5m。路缘石拼接缝宽应小于 3mm。

3.4.12.2　车止石

车止石设置距离应能有效阻挡机动车辆通行，满足行人、非机动车和残障车辆方便通过。为防止车辆驶入人行道、非机动车道范围，缘石坡道处应设置车止石。人行横道较宽时，应设置车止石防止机动车进入或借道行驶，以保护行人安全。

车止石高度不应低于 400mm，间距应控制在 0.8 ~ 1.5m。单个工程应只采用一种形式的车止石。为了体现街道特色，可对车止石进行艺术设计（图 3-70）。

a. 传统常规车止石

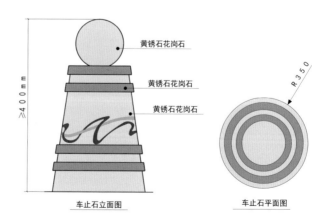

b. 横琴艺术设计车止石

图 3-70　车止石示意
（图片来源：编者自绘）

3.4.12.3 车转石

车转石在道路设计中并不是必须设计的元素，为了增强道路景观，可结合中央绿化带的道路交叉口、掉头口等处设置车转石。横琴新区对快速路、主干路及景观路采用花钵式车转石，取得了很好的景观效果（图3-71）。

图 3-71　花钵式车转石示意图
（图片来源：编者横琴拍摄）

3.4.13 交通稳静化

交通稳静化措施主要是针对机动车，降低机动车的速度、流量、噪声、尾气排放等，不适用于主干路和交通性较强的次干路。在有公交车通行的道路上，所采用的交通稳静化措施不得影响公交车安全、舒适地通行。

交通稳静化工程措施应配合设置相应的禁令、警告、指示等交通标志标线。

常用的交通稳静化措施有：交叉口半封闭、对角分流、交叉口中央分隔带、强制转向岛、路拱、交叉口抬高、小型环岛、车道偏移/减速弯道、车行道窄化、共享街道。其适用条件如表3-8所示。

表 3-8　交通稳静化措施的适用性

交通稳静化措施	适用性	
	支路	次干路
交叉口半封闭	○	×
对角分流	○	×
交叉口中央分隔带	○	×

交通稳静化措施	适用性	
	支路	次干路
强制转向岛	○	×
路拱	☆	×
交叉口抬高	○	×
小型环岛	○	○
环形交叉口	○	○
车道偏移/减速弯道	○	×
车行道窄化	○	×
共享街道	☆	×

注："○"表示适用；"×"表示不适用；"☆"表示视条件采用
（资料来源：编者整理）

（1）交叉口半封闭：封闭交叉口的某个出口，但不封闭其进口；封闭时应保留自行车道，宽度宜为 2.5m（图 3-72）。

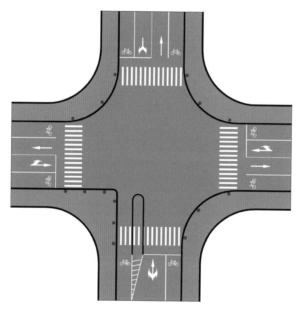

图 3-72 交叉口半封闭设计
（图片来源：编者自绘）

（2）对角分流：对角线方向的障碍物应留有不少于一处的供自行车通行的间隔，宽度宜为 2.5m（图 3-73）。

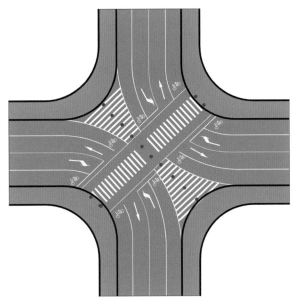

图 3-73 交叉口对角分流设计
（图片来源：编者自绘）

（3）交叉口中央分隔带：在部分转向的交叉路口，采用中央分隔带阻止机动车通行，中央分隔带应留有不少于一处的供自行车通行的间隔，宽度宜为 2.5m（图 3-74）。

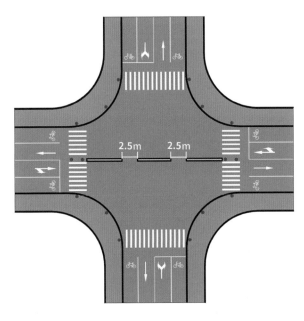

图 3-74 交叉口中央分隔带设计
（图片来源：编者自绘）

（4）强制转向岛：在部分转向的交叉路口，可对相应的进口道设置强制转向岛，同时配合设置相应的禁行标志或指示标志（图3-75）。

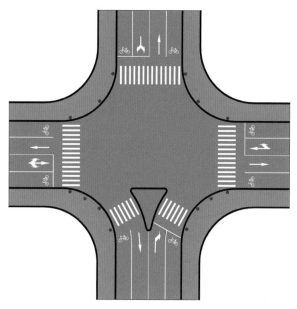

图3-75　强制转向岛设计示意
（图片来源：编者自绘）

（5）路拱：根据《文明的街道——交通稳静化指南》一书对世界各地交通稳静化设计考察，路拱仅能用于设计时速在45km/h及以下的道路进行减速，不能用于交通型干道上。该书指出路拱设计可分为平顶路拱和圆顶路拱。路拱高度介于75～100mm之间减速效果最佳，高度越低，减速效果越差。从国内城市如广州、深圳的应用实践来看，平顶路拱可结合人行横道设置，实际使用效果最好（图3-76）。该书同时指出，平顶路拱结合人行道设置，应在斑马线两端30～40m远的路面加设两道圆顶路拱，以达到最大限度的减速效果。

图3-76　深圳福田平顶路拱应用
（图片来源：编者深圳拍摄）

平顶路拱设计要求与前述的交叉口抬升相同（图 3-77，图 3-78）：

①平顶路拱顶面平台宽度应满足人行过街横道宽度要求，且抬升高度与人行道路缘石同高；

②平顶路拱最大坡度采用 1：10 设计；

③车行道停止线距离抬升坡道底边最小距离 1m；

④宜采用砖砌的柏油碎石或者鹅卵石材料；

⑤平顶路拱设计应合理进行道路排水设计。

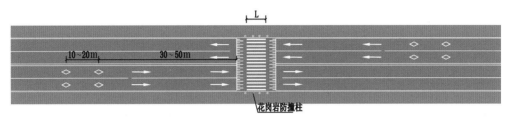

图 3-77　平顶路拱过街平面布置示意图
（图片来源：编者自绘）

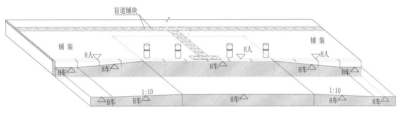

图 3-78　平顶路拱过街轴侧图
（图片来源：编者自绘）

（6）交叉口抬高：利用交叉口抬高措施降低机动车通过交叉口的行驶速度。交叉口整体抬高后的高度宜与人行道水平（图 3-79）。抬高设计参数详见本书前述的交叉口窄化章节。

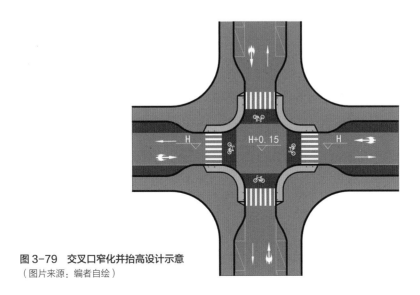

图 3-79　交叉口窄化并抬高设计示意
（图片来源：编者自绘）

（7）小型环岛：小型环岛通常用于交通量较小的支路，通过环岛降低车行速度。小型环岛半径宜为 2.0 ～ 7.5m，路缘石宜采用小半径，可采用圆形，也可以根据条件采用异形（椭圆、不规则形状）设计。小型标线环岛可替换为沥青混凝土或其他合适材料建造的物理环岛。物理环岛中心的高度不得超过 150mm，环岛边缘高度不得超过 6mm。物理环岛应全部施划白色反光材料。物理环岛上除在必要时设置"右行"线形诱导标外，不得设置其他任何设施或街道家具等（图 3-80）。

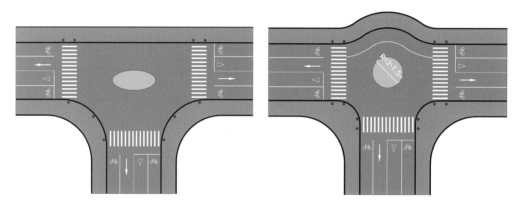

图 3-80　小型环岛设计
（图片来源：编者自绘）

（8）环形交叉口：相较于小型环岛交叉口，环形交叉口通常应用于交通流量较大的交叉口；环岛半径宜大于 8m，环道宽度宜为 5 ～ 6m（图 3-81）。

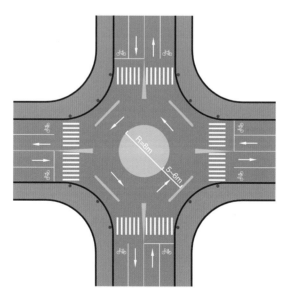

图 3-81　环形交叉口设计
（图片来源：编者自绘）

（9）车道偏移：车道偏移一般适用于交通量不大的街道，按照荷兰的《30km/h 限速措施手册》推荐，车道偏移适用于最大交通量 600pcu/h，且一般为居住型街道。车道偏移一般指通过拓展路缘或设置路侧障碍增加道路弯曲度，以降低车辆行驶速度，同时垂直道路方向停车也被视为车道偏移的一种。德国和荷兰的经验表明，车道偏移曲线越曲折，减速效果越好，但是交通事故发生率较缓和的曲线道路高。因此，建议车道中心线应尽量缓和，夹角不宜超过 45°（图 3-82）。

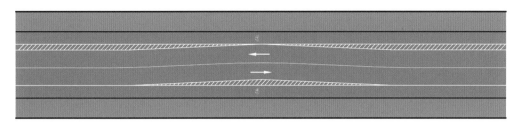

图 3-82　车道偏移设计示意
（图片来源：编者自绘）

（10）行车道窄化：车行道窄化是指通过局部展宽人行道、路侧绿化带或道路中心线的方式缩窄机动道宽度，以降低车辆行驶速度，缩短行人过街距离。为了保证交通安全，最小车行道宽度不宜低于 2.8m。窄化车行道目的一是降低车速，二是将道路空间让位于慢行交通。此措施通常适用于道路红线受限，而行人通行量及过街量较大的街道，窄化车行道路段通常采用曲折性标线提示司机车道窄化路段注意减速（图 3-83）。

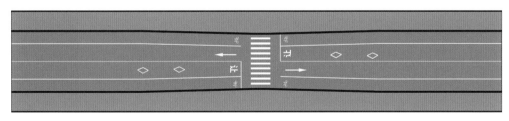

图 3-83　行车道窄化设计示意
（图片来源：编者自绘）

（11）共享街道：共享街道产生于 20 世纪 70 年代的荷兰，为了应对不断升高的交通事故，阻止汽车对儿童的伤害，荷兰发起了"停止谋杀孩子"（Stop de Kindermoord）运动，开始了一系列安全街道的规划设计探讨，并首次提出了"共享街道"新设计模式。共享街道的定义为摒弃车道与人行道的界限，将车道和人行道建在同一个高层上，一般采用同一种铺装，机动车的最快速度被限定在人行走的速度上（一般限速 10km/h）。

共享街道一般应用于居住型、商业型支路，人行量大，对车行交通量进行严格管制，根据荷兰及德国的经验，共享街道一般适用于交通量不高于 100pcu/h 的道路。共享街道一般采用砌块路面，辅以颜色和图案对机动车道和人行道进行软分离。它通常与车道偏移共同使用。共享街道一般应设置独立的共享街道标志，而不仅仅是限速标志，告诉司机共享街道减速慢行（图3-84）。

需要说明的是，在缺乏严格执法的情况下，共享街道往往会助长乱停车行为，因此在共享街道的设计中应明确停车位设计，加强交通监管设施设计。

图 3-84　国外共享街道标志设计示意
（图片来源: http://blog.sina.com.cn/s/blog_15dd7dde60102w5r9.html）

3.5 环境设施设计要求

3.5.1 绿化隔离带

3.5.1.1 隔离形式

隔离空间分为机非分隔、中央分隔、主辅分隔三种，可采用绿化隔离或设施隔离的形式。主要将道路在断面上进行纵向分隔，使机动车、非机动车和行人分道行使，提高道路交通安全性，改善交通秩序（图3-85）。

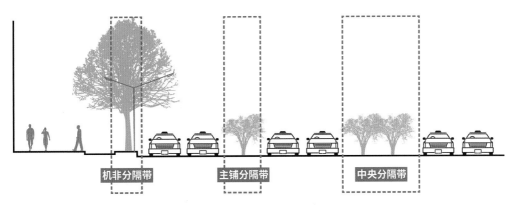

图 3-85　隔离空间示意图
（资料来源：编者自绘）

3.5.1.2 绿化隔离设置要求

中央绿化分隔带宜采用通透式配置。当宽度 ≥ 3m 时可种植乔木，此时乔木胸径宜 ≤ 12cm，营造多层次的景观效果，且应做好支护；当宽度 < 3m 时，植物配置宜采用灌木及地被的多层次组合形式，最大限度发挥生态效益，并起到遮挡汽车眩光的作用。

主辅绿化分隔带当宽度 ≥ 3m 时宜种植乔木，乔木临机动车道侧净分枝点高度 ≥ 3m，胸径宜 ≥ 12cm；当宽度 < 3m 时，植物配置宜采用灌木及地被的多层次组合形式，最大限度发挥生态效益。

机非绿化隔离空间一般有树带型和树池型两种类型：

①树带型：在人流量不大的路段，可在人行道和车行道之间留出一条不加铺装的种植带，或 3 ~ 5 棵行道树形成长条形树池，行道树下种植地被或铺植草皮。

②树池型：人流量大而人行道又窄的路段应采用树池式，树池铺设铸铁盖板、石料或种植草皮，不宜种植灌木。

其中树带型机非隔离带当宽度 ≥ 1.5m 时宜种植开花乔木，乔木临机动车道侧净分枝点高度 ≥ 3m，胸径宜 ≥ 12cm，营造多层次的景观效果；当宽度 < 1.5m 时，植物配置宜采用灌木及地被的多层次组合形式，最大限度发挥生态效益，并起到机动车与慢行空间的物理隔离及保障安全，降低汽车噪声、尾气的作用。

树池型机非隔离带，设计应满足以下要点（图 3-86）：

①树池间距按植物绿化设计确定，原则上不小于 6m，不宜大于 8m。

②行人密集的道路，裸露树穴应加设盖板或碎石覆盖处理，材料应选用与人行道铺装相协调的材料。

③树箅是树木根部的保护装置，它既可保护树木根部，又便于雨水的渗透和步行人的安全。树池箅应选择能渗水的石材、卵石、砾石等天然材料；也可选择具有图案拼装的人工预制材料，如铸铁、混凝土、塑料等。树箅宜做成格栅装，并能承受一般的车辆荷载。鼓励个性化的树箅设计。

④同一街道同一样式，树池外边框、内盖板、覆盖物的材料、颜色、厚度应一致，式样美观。树池内盖板样式可由建设单位根据实际工程中树穴大小进行选择。

⑤树池表面宜与人行道铺装面平整。当行道树树池高度高于人行道时，高差宜不小于50cm，可结合树池缘石设置人行座椅。

⑥树池应边角齐全，压条与树穴的比例应适当合理，与周围环境协调。

⑦需设置照明的行道树，建议结合树池篦子一体化设计，应采用节能环保绿色照明，灯具、光源、安装要统一。

图3-86　个性化树池设计示意
（图片来源：https://huaban.com/pins/1541382595 ）

近年来南方诸多城市在道路美化工程中对绿化隔离带多采用疏林草地微地形设计，在道路节点处采用时花花镜设计，并取得了较好的效果，但是要注意在外侧绿带采用微地形设计同步做好排水设计（图3-87）。

图 3-87　绿化隔离微地形设计
（图片来源：编者横琴拍摄）

需要注意的是在道路弯道内侧及交叉口的视距三角形范围内、被人行横道或道路出入口断开的分车绿带、距离交叉口 30m 的掉头口隔离绿化带等三种绿带，不宜种植乔木，种植灌木地被高度不得超过 30cm，以保证行车视距。交通岛周边的植物配置宜增强导向作用，在行车视距范围内应采用通透式配置。行道树的栽植不得遮挡交通信号灯和交通标示牌。机动车行车道边的行道树冠下净空高应大于 3m，保持通车净空要求；人行道及非机动车边的乔木冠下净空高应大于 2.8m；乔木种植的干茎中心至路侧石外侧最小距离宜等于或大于 0.75m。

绿化树木与市政公用设施的相互位置应统筹安排，并应保证树木有需要的立地条件与生长空间。不适宜绿化的土质，应改善土壤进行绿化。道路改造时，宜保留有价值的原有树木，对古树名木应予以保护。道路绿地的坡向、坡度应符合排水要求并与城市排水系统结合，防止绿地内积水和水土流失。

植物种植应适地适树，并符合植物间伴生的生态习性，植物的选择应具有去污染和观赏性，分上、下层考虑，应符合以下原则：

①优先选用本土植物，适当搭配外来物种；

②选用根系发达、茎叶繁茂、净化能力强的植物；

③选用可互相搭配种植的物种，提高去污性和观赏性。

对于新植树木的应注意防风支护设计。宜因地制宜结合树木规格进行四柱支撑或井字支撑，对于防风高风险地区或种植大型苗木（胸径 >20cm）宜采用钢管、钢拉锁支撑。护树架为竹竿、木杆或钢管支护等方式，支撑点离地不超过树高 1/3 ~ 2/3 处（图 3-88，图 3-89）。

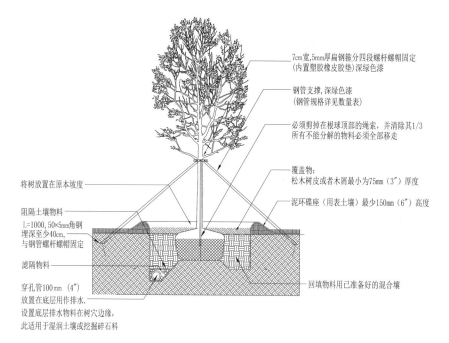

7cm宽,5mm厚扁钢箍分四段螺杆螺帽固定
(内置塑胶橡皮胶垫)深绿色漆

钢管支撑,深绿色漆
(钢管规格详见数量表)

必须剪掉在根球顶部的绳索,并清除其1/3
所有不能分解的物料必须全部移走

将树放置在原本坡度

覆盖物:
松木树皮或者木屑最小为75mm(3″)厚度

阻隔土壤物料

泥环碟座(用表土壤)最少150mm(6″)高度

L=1000,50×5mm角钢
埋深至少40cm,
与钢管螺杆螺帽固定

滤隔物料

穿孔管100mm(4″)
放置在底层用作排水.
设置底层排水物料在树穴边缘,
此适用于湿润土壤或挖掘碎石料

回填物料用已准备好的混合壤

图 3-88 四柱(三柱)支护设计示意
(图片来源:编者自绘)

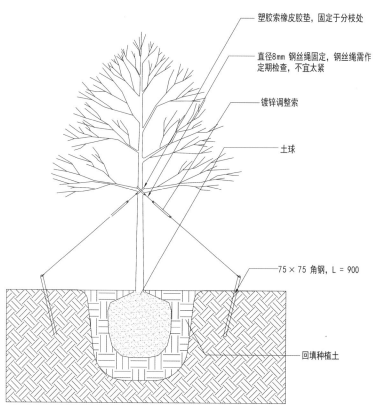

塑胶索橡皮胶垫,固定于分枝处

直径8mm 钢丝绳固定,钢丝绳需作
定期检查,不宜太紧

镀锌调整索

土球

75×75 角钢,L = 900

回填种植土

图 3-89 钢拉锁支护设计示意
(图片来源:编者自绘)

3.5.2 街道绿色雨洪管理设计

在规划阶段对道路工程有海绵道路设计要求的应充分考虑绿色雨洪管理设计。常用于街道绿色雨洪管理设计的技术手段有透水铺装、下沉式绿地、生物滞留设施、植草沟等设施。

3.5.2.1 透水铺装

透水铺装按照面层材料不同可分为透水砖铺装、透水水泥混凝土铺装和透水沥青混凝土铺装。嵌草砖、园林铺装中的鹅卵石、碎石铺装等也属于渗透铺装。

透水砖铺装和透水水泥混凝土铺装主要适用于广场、停车场、人行道以及车流量和荷载较小的道路，如建筑与小区道路、市政道路的非机动车道等，透水沥青混凝土路面还可用于机动车道。

人行道铺装材料宜结合海绵城市技术要求进行透水铺装设计。透水铺装对道路路基强度和稳定性存在较大风险时，可采用半透水路面结构；当路基土透水性较差时，应在透水结构内布置排水通道，将雨水排至市政雨水系统；当透水铺装下设有构筑物时，构筑物顶板覆土厚度不应小于600mm，并设置滤水层（图3-90）。

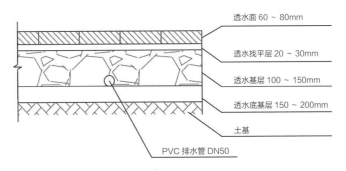

图3-90　透水铺装结构设计示意
（图片来源：《海绵城市建设技术指南》）

3.5.2.2 下沉式绿地

下沉式绿地具有狭义和广义之分，狭义的下沉式绿地指低于周边铺砌地面或机动车道路面的绿地；广义的下沉式绿地泛指具有一定的调蓄容积（在以径流总量控制为目标进行目标分解或设计计算时，不包括调节容积），且可用于调蓄和净化径流雨水的绿地，包括生物滞留设施、渗透塘、湿塘、雨水湿地、调节塘等。本书所指的下沉式绿地为狭义的下沉式绿地。

下沉式绿地可广泛应用于城市建筑与小区、道路、绿地和广场内。对于径流污染严重、设施底部渗透面距离季节性最高地下水位或岩石层小于1m及距离建筑物基础小于3m（水平距离）的区域，应采取必要的措施防止次生灾害的发生。

主辅绿化带和机非分隔带（绿化带型）宜设置下沉式绿化带，下沉式绿化带设计要求如下：

①下沉式绿地的下凹深度应根据植物耐淹性能和土壤渗透性能确定，一般为

100 ～ 200mm；

②下沉式绿化带宽度不宜小于 2.5m；

③道路雨水口宜设于下沉式绿化带内，结合绿化带内雨水溢流井进行设置，机动车道雨水及慢行道路面超渗雨水进入绿化带进行下渗、滞留，超标雨水汇流至溢流式雨水口，通过雨水连接管排入市政雨水管渠，溢流口顶部标高一般应高于绿地 50 ～ 100mm；

④下沉式绿化带路缘石宜采用平缘石、打孔立缘石、豁口立缘石、间隔式立缘石等利于雨水穿透的类型，确保路面雨水流入绿化带内，绿化带进水处宜铺设卵石、砾石，以防止雨水对绿化带的冲刷（图 3-91）；

平缘石

打孔立缘石

豁口立缘石

间隔式立缘石

图 3-91 路缘石与海绵城市技术结合示意图
（图片来源：《海绵城市建设技术指南》）

⑤设施布置在此空间应采用抬高基座，避免设施底部受水浸影响，且应避免各种设施与树木间的干扰；

⑥下沉式绿化带内乔木栽植应与排水溢流设施避让，以保证植物根系正常生长，乔木土球下层设置石砾透水层，一般厚度为 300mm，并加土工布隔离（图 3-92）。

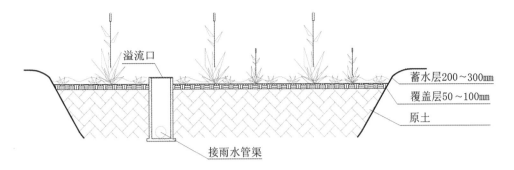

图 3-92　下沉式绿化带设置大样图
（图片来源：《海绵城市建设技术指南》）

3.5.2.3 生物滞留设施

生物滞留设施指在地势较低的区域，通过植物、土壤和微生物系统蓄渗、净化径流雨水的设施。生物滞留设施也是一种广义的下沉绿地形式。生物滞留设施分为简易型生物滞留设施和复杂型生物滞留设施，按应用位置不同又称作雨水花园、生物滞留带、高位花坛、生态树池等。

生物滞留设施应满足以下要求：

①对于污染严重的汇水区应选用植草沟、植被缓冲带或沉淀池等对径流雨水进行预处理，去除大颗粒的污染物并减缓流速；应采取弃流、排盐等措施防止融雪剂或石油类等高浓度污染物侵害植物。

②屋面径流雨水可由雨落管接入生物滞留设施，道路径流雨水可通过路缘石豁口进入，路缘石豁口尺寸和数量应根据道路纵坡等经计算确定。

③生物滞留设施应用于道路绿化带时，若道路纵坡大于 1%，应设置挡水堰 / 台坎，以减缓流速并增加雨水渗透量；设施靠近路基部分应进行防渗处理，防止对道路路基稳定性造成影响。

④生物滞留设施内应设置溢流设施，可采用溢流竖管、盖箅溢流井或雨水口等，溢流设施顶一般应低于汇水面 100mm。

⑤生物滞留设施宜分散布置且规模不宜过大，生物滞留设施面积与汇水面面积之比一般为5% ～ 10%。

⑥复杂型生物滞留设施结构层外侧及底部应设置透水土工布，防止周围原土侵入。如经评估认为下渗会对周围建（构）筑物造成塌陷风险，或者拟将底部出水进行集蓄回用时，可在生物滞留设施底部和周边设置防渗膜。

⑦生物滞留设施的蓄水层深度应根据植物耐淹性能和土壤渗透性能来确定，一般为200 ～ 300mm，并应设 100mm 的超高；换土层介质类型及深度应满足出水水质要求，还应符合植物种植及园林绿化养护管理技术要求；为防止换土层介质流失，换土层底部一般设置透水土工布隔离层，也可采用厚度不小于 100mm 的砂层（细砂和粗砂）代替；砾石层起到排水作用，厚度一般为 250 ～ 300mm，可在其底部埋置管径为 100 ～ 150mm 的穿孔排水管，砾石应洗

净且粒径不小于穿孔管的开孔孔径；为提高生物滞留设施的调蓄作用，在穿孔管底部可增设一定厚度的砾石调蓄层（图 3-93）。

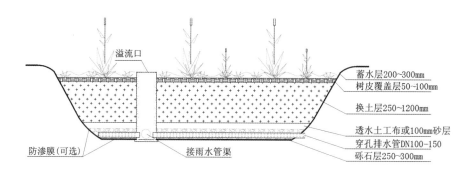

图 3-93 复杂型生物滞留设施典型构造示意图
（图片来源：《海绵城市建设技术指南》）

3.5.2.4 生态植草沟

植草沟指种有植被的地表沟渠，可收集、输送和排放径流雨水，并具有一定的雨水净化作用，可用于衔接其他各单项设施、城市雨水管渠系统和超标雨水径流排放系统。除转输型植草沟外，还包括渗透型的干式植草沟及常有水的湿式植草沟，可分别提高径流总量和径流污染控制效果。

植草沟适用于建筑与小区内道路，广场、停车场等不透水面的周边，城市道路及城市绿地等区域，也可作为生物滞留设施、湿塘等低影响开发设施的预处理设施。植草沟也可与雨水管渠联合应用，在场地竖向允许且不影响安全的情况下也可代替雨水管渠。

植草沟应满足以下要求：

①浅沟断面形式宜采用倒抛物线形、三角形或梯形。

②植草沟的边坡坡度（垂直：水平）理想坡度为 1 : 4，最大不大于 1 : 3，可降低除草和维护的需求，纵坡不应大于 4%。纵坡较大时宜设置为阶梯形植草沟或在中途设置消能台坎。

③植草沟的深度不宜太深，一般控制在 610mm，即使行人或者机动车不慎坠入也不会造成太严重后果。

④在行人有可能进入植草沟的区域，应对植草沟两侧铺设硬质铺装，并加装如短栅栏等设施，以免行人误入植草沟。

⑤在路边有大量停车的道路边设置植草沟，需要在道路边铺设一条 300 ~ 610mm 宽的混凝土带。

3.5.3 城市家具

3.5.3.1 城市家具色彩

色彩是光投射到物体表面所产生的自然现象。人们不仅通过色彩传递、交流视觉信息，而且在社会生活实践当中逐步对色彩发生兴趣并产生对色彩的审美意识，同时产生一系列视觉心理。不同地域的人对色彩的感知和理解是有差异的，不同民族有不同色彩习惯和偏爱，如罗马城市大多用橘黄色装饰城市，他们认为这种色彩使城市显得深远；英国的城市色彩大多是茶色的；而日本则喜欢用灰色调。正如伊利尔·沙里宁所说，一个街道的色彩代表了一个城市的性格。城市家具作为城市街道的重要组成，与沿街建筑、绿化共同构成街道风貌。城市家具色彩是城市街道的点缀色，也是街道能够让人眼前一亮的地方。

城市家具色彩宜满足三条基本原则：

①城市家具色彩应在同一街道整体统一的基础上，进行不同区域不同路段的特色设计。即同一路段上所有城市家具应有且只有一个基础色。在基础色统一前提下可进行辅助色与点缀色的添加与润饰，不同路段不同区域可根据区域特征制定相应的基调色，但同一道路的城市家具不建议出现 3 种以上基调色，应在符合当地城市色彩规划基础上进行延伸。

②城市家具在单体中如需多种色彩，需有一个主体色进行控制，其他色彩为辅助色或点缀色。

③色彩分布可按色彩面积比进行搭配。

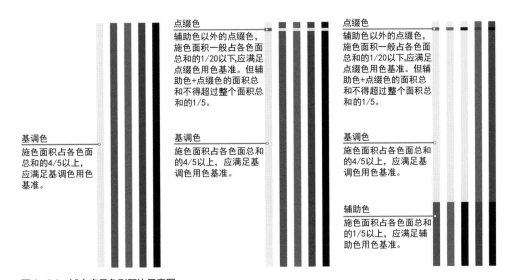

图 3-94 城市家具色彩配比示意图
（图片来源：百度图片）

就街道色彩而言，通常街道以黑色沥青混凝土路面、绿色植被、蓝色天空为主色调，为了保持街道家具与街道和谐统一，家具色彩应与主色调保持一致。城市家具基础色应多以灰色系、低彩度色彩为主要基础色。这样容易与所有空间环境要素形成统一，不突兀，令人感到和谐、舒适。

较多城市采用白色系作为城市家具的基础色，如白色的人行护栏、白色的灯杆等，实践表明，这些白色与街道周边环境难以统一，特别是在南方植被较为茂盛的城市，白色在一片林荫大道中显得异常突兀。许多城市在近几年的道路改造过程中，均对家具基础色系进行调整，调整为灰黑色或者墨绿色，从中国文化对色彩寓意来看，灰色系代表了大度与包容的文化积淀，从城市管理维护角度来看，黑色也较白色等浅色系耐脏（图3-94）。

城市家具是城市环境安全性、秩序性的辅助性公共设施，某些城市家具或特殊部件，需引起人们注意的，可用强调色突出家具个性。

3.5.3.2 设施带宽度

设施带为集中布设沿街绿化、市政与休憩等设施的带形空间，也是街道家具最集中的空间。设施带一般设置在步行通行区与机动车空间之间，形成行人和车辆之间的缓冲区域。

设施带宽度一般为1.5 ~ 2.5m。当街道空间有限，仅布置少量小尺度设施时，应将设施沿路缘石布置，其余空间作为人行道的补充。当慢行空间较宽时，可设置独立的设施带，但应留出可供行人穿越的空间，且穿越空间的间距不得大于30m，避免妨碍两侧步行和活动区域的联通。设置独立设施带时，两侧步行空间宽度应符合相应人行道宽度要求，且不得小于1.5m（图3-95）。

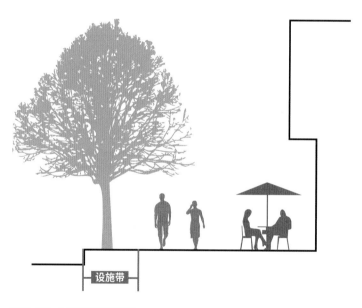

图3-95 设施带位置示意图
（图片来源：编者自绘）

设施带内各种设施应综合布置，并宜与绿化隔离空间合并设置。不同设施独立设置时占用宽度可参考表3-9：

表 3-9　不同设施独立设置时占用宽度

项目	宽度 /m
人行护栏	0.25 ~ 0.5
灯柱	1.0 ~ 1.5
邮箱、垃圾桶	0.6 ~ 1.0
行道树	1.2 ~ 1.5
指路牌	0.25 ~ 0.5
非机动车停靠点、公共自行车租赁点	2.5
信息栏	0.5 ~ 1.0
消火栓	0.5 ~ 1.0
交通标志	0.5 ~ 1.0（附属设置）
交通信号灯、交通监控	0.5 ~ 1.0（附属设置）
弱电、设施变电设施	—

（资料来源：编者结合行业规范整理）

3.5.3.3 人行护栏

人行护栏应根据街道功能需要、车流情况、人流速度和交通管理需要来设置，充分考虑对交通安全的影响，色调应与周边环境及警示标志相协调，并符合相关规范标准。

人行护栏的设置位置应符合下列规定（图 3-96）：

①人行道 / 非机动车道与邻侧地面存在高差，有行人 / 单车跌落危险的；

②人行道 / 非机动车道与机动车道存在高差，且机动车道车速快，不宜进行人机非混行的道路；

③位于车站、码头、人行天桥和地道出入口、商业中心等人流汇聚区的人行道边（车道侧）；

④交叉口人行道边（车道侧）及其他需要防止行人穿越机动车道的路边，宜设置人行护栏，但在人行横道处应断开；

⑤在全封闭路段天桥和地道的梯（坡）道口附近无公共交通停靠站时，宜在道路两侧设人行护栏，护栏的长度宜大于 200m；

⑥车辆进出较多的道路出入口局部路段的人行道边（车道侧）。

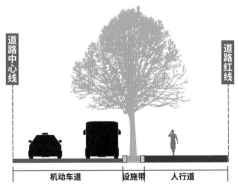

图 3-96　人行护栏设置情况示意图
（图片来源：编者自绘）

完全隔离的人行护栏高度不宜低于 1 100mm；不完全隔离的人行护栏高度不宜低于700mm。

人行护栏的设置密度以及长度，应根据人行护栏的功能要求和环境条件决定。

人行护栏的结构形式应坚固耐用，便于安装，易于维修，经济环保。机动车道两侧的人行护栏不应安装广告。人行护栏应经常清洗、维护；出现损坏、空缺、移位、歪倒时，应及时进行更换、补充和校正；同时建议积极拆除安全必要性不足的人行护栏。

同一路段应统一设置样式，应与街道环境相协调，融入文化元素，体现城市文化（图3-97）。

杭州人行护栏

广州人行护栏

珠海市区人行护栏

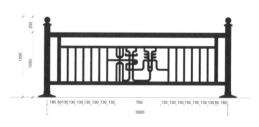

横琴人行护栏

图3-97　人行护栏与街道景观协调
（图片来源：编者拍摄）

人行护栏作为城市街道出现频率最高的街道家具，不应过分强调其色彩表现，而应采用城市家具基础色配置，可采用灰黑色系，表现时尚、大气、美观特征。

在重要时节可对人行护栏进行挂花，护栏挂花设计宜符合以下要求（图3-98）：

①护栏挂花需保证固定花篮的构件坚固、耐久，避免造成花篮掉落伤害行人。

②护栏挂花的后期养护需在设计时就加以考虑。

③护栏挂花摆放位置应为城市主要路段节点，摆放时间段应为城市主要节庆时间，避免乱摆乱放造成浪费。

图 3-98 护栏挂花设计样式
（图片来源：https://b2b.hc360.com/
viewPics/supplyself_pics/668639766.html）

3.5.3.4 照明灯杆

城市地面道路应设置人工照明设施，为机动车、非机动车以及行人提供出行的视觉条件；道路照明应根据道路功能及等级确定其设计标准，照明设施应安全可靠、技术先进、经济合理、节能环保、维修方便。

应根据道路和场所的特点及照明要求，选择常规照明方式、半高杆照明方式或高杆照明方式进行道路照明设计；在行道树遮光严重的道路，可选择横向悬索布置方式。

任何道路照明设施不得侵入道路建筑限界内；道路灯杆位置应选择合理，与架空线路、地下设施以及影响路灯维护的建筑物保持安全距离；特殊的交通位置需提高街道诱导性，夜晚照明须保证清晰可见，包括交叉口、坡道、公交站点、关键景观节点和活动区；在环境景观区域设置的高杆灯，应在满足照明功能要求的前提下与周边环境协调；灯杆不宜设置在路边易于被机动车刮碰的位置或维护时会妨碍交通的地方。

使用先进成熟的技术，在适当的条件下选择高效、节能的照明设施，并最大限度的减少光污染；快速路和主干路宜采用高压钠灯，也可选择发光二极管灯或陶瓷金属卤化物灯，次干路和支路可选择高压钠灯、发光二极管灯或陶瓷金属卤化物灯，居住区机动车和行人混合交通道路宜采用发光二极管灯或金属卤化物灯，市中心、商业中心等对颜色识别要求较高的机动车交通道路可采用发光二极管灯或金属卤化物灯，商业区步行街、居住区人行道路、机动车交通道路两侧人行道或非机动车道可采用发光二极管灯、小功率金属卤化物灯或细管径荧光灯、紧凑型荧光灯。

同一街道、广场、桥梁等的路灯，从光源中心到地面的安装高度、仰角、装灯方向宜保持一致；灯具安装纵向中心线和灯臂纵向中心线应一致，灯具横向水平线应与地面平行；灯杆检修门朝向应一致，宜朝向人行道或慢车道侧，并应采取防盗措施。

路灯灯型选择宜结合道路区位、周边景观需求及路灯设置位置等因素综合考虑，既要线条简洁又突出人文、地域内涵，在满足道路照明要求的前提下，白天作为城市街道的点缀，晚上为城市道路照明服务（图3-99）。

图3-99 常规路灯典型案例示意图
（图片来源：百度图片）

照明路灯作为城市街道出现频率最高的街道家具，不应过分强调其色彩表现，应采用城市家具基础色配置，路灯灯杆颜色宜采用灰黑色或者墨绿色等深色系。

鼓励局部路段路灯灯杆整合设置手机电源接口、Wi-Fi、环境传感系统、电动汽车充电桩和其他智能便民设施，按具有复合功能的智慧路灯杆方式建设（图3-100）。

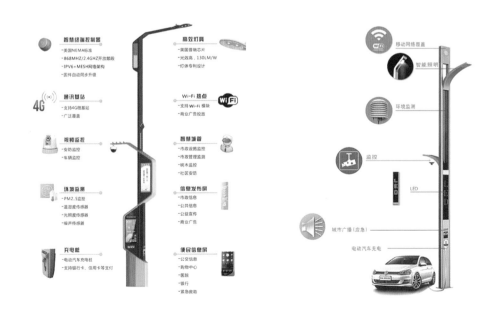

图 3-100 智慧路灯典型案例示意图
（图片来源：百度图片）

3.5.3.5 垃圾箱

垃圾箱一般设在道路两侧和各开发项目人行出入口、人行天桥、人行横道附近位置，其外观色彩及标志应符合垃圾分类收集的要求。

人行道每 100m 宜设置 1 对分类垃圾箱；每个公交汽车站应至少设置 1 个垃圾箱；垃圾箱应放置在公共设施带内，距路边缘至少 450mm；生活型、商业型和综合型街道等人流密度大的地区的垃圾箱间距宜控制在 30 ~ 50m；其他街道垃圾箱间距宜控制在 100m；垃圾箱的投放口大小应方便行人投放废弃物；箱体高度为 0.8 ~ 1.1m。

垃圾箱分为固定式和移动式两种。普通垃圾箱的规格为高 60 ~ 80cm，宽 50 ~ 60cm。放置在公共广场的垃圾箱，高度宜控制在 90cm 左右，直径不宜超过 75cm。

垃圾箱应选择美观与功能兼备、并且与周围景观相协调的产品，要求坚固耐用，不易倾倒。垃圾箱可分为都市型和郊野型两类，都市型宜采用玻璃钢或不锈钢材质，郊野型宜采用木材或竹质。

垃圾箱设计宜体现智能互联、艺术美观等城市特色，同时宜与其他城市家具整合利用（图3-101）。

图 3-101 智慧垃圾箱示意
（图片来源：https://www.52384.
com/52384news/201802012159867.html）

3.5.3.6 人行指路牌

人行指路牌应根据周边环境，结合道路结构、交通状况、周边绿化及设施等设置，设置在行人、车辆最易看见的位置，牌头不应被遮挡。指路牌宜设置在设施带内，不占用人行道通行空间，离人行道侧石 40 ~ 80cm，不占用盲道和轮椅通道，一般不设置在绿化带内。

指路牌规格、色彩应分类统一，形式、图案应与街景协调，并保持整洁、完好（图 3-102）。

一般道路人行道上指路牌同侧设置间隔应不小于 1 000m；在临近火车站、商业集中区、长途汽车站、医院、学校等流动人口聚集区内的道路人行道上，设置间距可根据需要适当加密。

人行指路牌宜具有夜间照明指示功能。

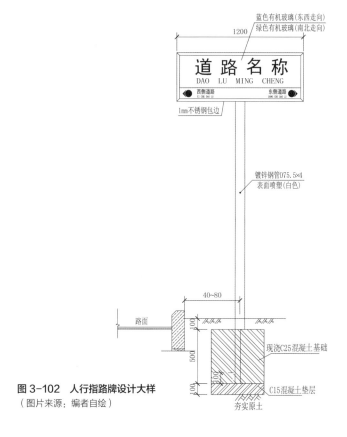

图 3-102 人行指路牌设计大样
（图片来源：编者自绘）

行人面临多条路线选择的地点，如道路交叉口，尤其是大型立交附近，应在道路进口处设置慢行导向设施，明示过街设施及周边区域。当路段连续距离超过 300 ~ 500m，也应设置导向牌，帮助行人明确路线。

在以步行为主的区域内，如商业街、中央商务区、广场和比赛场馆等区域，人流集散、换乘地点，如地铁站点、客流量较大的公交站点、交通枢纽等人流量大的地方，宜结合指路牌设置慢行导向设施，导向设施应以地图为主，辅以路线导向设施（图 3-103，图 3-104）。

图 3-103 深圳市慢行导向牌设计
（图片来源：编者拍摄）

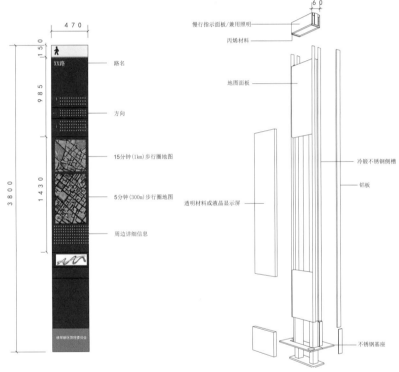

图 3-104 伦敦慢行导向设施大样图
（图片来源：编者根据《伦敦指路系统黄皮书》修改绘制）

3.5.3.7 非机动车停放点、共享单车停放点

非机动车停放点的布局应遵循小规模、高密度的原则，其位置选择应与轨道、车站、广场、重要公共建筑、居住组团、社区商业等主要人流集散地紧密衔接，结合建筑物的人行出入口就近设置。

非机动车停放点服务半径不宜大于 300m。

非机动车停放点宜在设施带通过画线、铺装等方式划定，并设置地面标识，其设置位置应避开市政井盖等设施。非机动车停放空间应临近非机动车道，或与非机动车道有便捷联系，同时鼓励与非机动车道布置在连续标高平面上，减少对人行空间的干扰。鼓励有条件的停放点设置停车雨棚。

当非机动车停放点占用非机动车道时，应通过标线或铺装引导非机动车绕行（图3-105）。

反例：公共自行车停放点占用非机动车道　　正例：公共自行车停放点不占用非机动车道

图3-105　非机动车停放点示例
（图片来源：编者拍摄）

非机动车停放点尽量避免采用停车架形式，要充分考虑共享单车等智能无桩停放需求。

非机动车停放空间的宽度一般为2～2.5m，每处长度不得小于5m。在非机动车停放需求较大，或街道空间有限的路段，可采用斜向停放、立体停放等集约停放方式，或利用楼间空地等空间进行停放，其中，斜向停放时，非机动车停放空间的宽度一般为1.5m（图3-106）。

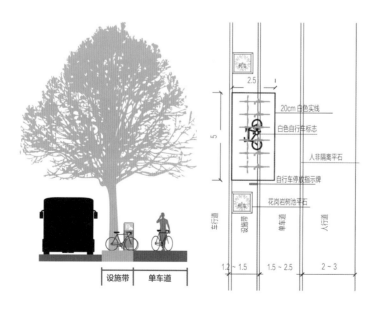

图3-106　非机动车停放设计大样
（图片来源：编者自绘）

3.5.3.8 信息公示栏

信息公示栏具有信息共享交换和信息服务功能，在完善的数据安全机制保证下与其他相关的部门实现信息的共享交换，并向公众提供城市信息服务或信息公示设施。

信息公示栏应设置在人流量较大、醒目且安全的位置，便于浏览，以不妨碍安全视距、不影响通行为前提。为了遮挡阳光和雨水，信息公示栏一般宜设置有顶棚。

信息公示栏设置要求如下：

①应设置在设施带内，不应占导盲带和轮椅通道，一般不建议设置在绿化带内。如遇到管线沟、路树、交通灯设施、路灯设施时可横向平移。

②宽度 2.5m 以下的人行道不得设置信息公示栏；距人行天桥、人行地道出入口、轨道交通站点出入口、公交车站的人流疏散方向 20m 范围内的人行道不得设置信息公示栏。

③一般道路人行道上信息公示栏同侧设置间隔不宜小于 1 000m；在临近火车站、商业集中区、长途汽车站、医院、学校等流动人口聚集区内的道路人行道上，设置间隔可根据需要适当加密。

④应当内容健康，式样美观，与周围环境、景观相协调，并保持安全牢固、整洁完好。

⑤信息栏杆件宜为灰黑色或墨绿色等色系。

3.5.3.9 消防设施

市政道路空间所设置的消火栓宜在道路的一侧，并宜靠近十字路口，在保证醒目又不影响行人、行车的位置上，同时考虑维护和日常排水泄水方便；但当道路宽度超过 60m 时，应在道路两侧交叉错落处设置消防设施；市政桥桥头和城市交通隧道出入口等市政公用设施处，应设置市政消火栓；市政消火栓的保护半径不应超过 150m，间距不应大于 120m。

市政消火栓应布置在消防车易于接近的人行道和绿地等场地，且不易妨碍交通，应符合以下几点具体规定（图 3-107）：

①市政消火栓距路边不宜小于 0.5m，并不应大于 2m；

②市政消火栓距建筑外墙或外墙边缘不宜小于 5m；

③为便于使用，规定了消火栓距被保护建筑物不宜超过 40m；

④市政消火栓应避免设置在机械易撞击的地点，确有困难时，应采取防撞措施。

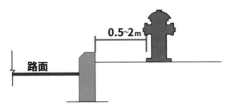

图 3-107　消火栓距离路缘石距离
（图片来源：编者自绘）

安装或新增消防设施，应在符合消防安全要求的前提下，尽可能充分利用城市道路现有基础设施、综合防灾设施，促进消防设施智能监控系统和多任务完成。鼓励通过智慧系统来进行信号采集传输，实现对消火栓的 GIS 定位，移动终端远程现场管理，平台保证实时控制消火栓的安全运行状态，避免因消火栓不可用而造成的人民生命财产的损失。市政消火栓颜色应采用红色进行警示。

3.5.3.10 交通标志

交通标志分为警告标志、禁令标志、指示标志、指路标志、旅游区标志、作业标志和告示标志。

交叉口指示标志杆件应设置于交叉口车道渐变段开始位置道路设施带内。

交叉口交通标志牌上的信息量不宜超过 6 条，同一方向指示信息不超过 2 条，同一版面中禁止某种车辆转弯或禁止直行的禁令标志不应多于 2 种，若超过，应增设辅助标志。同一方向表示 2 个信息时，宜在一行或两行内按由近到远顺序，由左至右或由上至下排列。

交通标志作为城市街道频率出现最高的街道家具，标志牌面应严格执行国家相关规范要求，但是杆件不应过分强调其色彩表现，应采用城市家具基础色配置，交通标志牌杆件可采用灰黑色或墨绿色等色系。

交通标志牌尺寸一般分为 4m×2.4m、2m×3m、1.5m×1.8m 三种，其中 4m×2.4m 适用于干路交叉口处，2m×3m 适用于路段，1.5m×1.8m 适用于支路。

交通标志牌铝板厚度 3mm，贴膜效果不应低于 3M 大角度反光膜数码打印技术，保证夜间良好的可视性（图 3-108，图 3-109）。

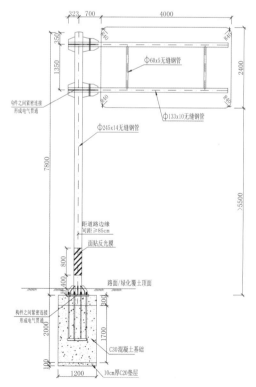

图 3-108　交通标志杆件设置结构示意图
（图片来源：编者自绘）

图 3-109　交通标志牌设置大样图
（图片来源：编者自绘）

3.5.3.11 交通监控

道路交通监控设施设置间距宜为 200m；交通量越大，布局间距适当减小。当选择特殊的检测器如视频检测器等，需结合产品的特殊要求进行设置。

监控设备宜与灯柱结合或连接到邻近的建筑物以减少混乱，且不与相邻近照明单元的闪光相冲突。

交通监控设备应与街道设施整体风貌相协调，尤其是在城区中心。交通监控杆件宜与交通标志杆件、交通信号灯杆件风格统一，颜色宜为灰黑色或墨绿色等色系。

交通监控的安装种类包括悬臂式、柱式、附着式等方式。

交通监控的安装方位应根据安装的种类决定。悬臂式和柱式交通监控杆件的安放方位可选择交叉口视野开阔的隔离带或人行道边缘。附着式交通监控一般位于信号灯横臂或电子警察横臂末端视野开阔位置。

交通监控的安装高度不低于 3.5m（图 3-110）。

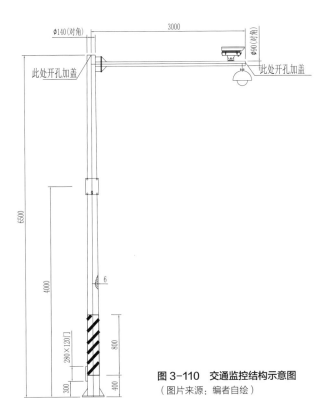

图 3-110 交通监控结构示意图
（图片来源：编者自绘）

3.5.3.12 交通信号灯

车道信号灯的安装位置应正对所控的车道。

信号灯杆件与交通标志牌杆件、交通监控杆件风格统一，颜色宜为灰黑色或墨绿色等色系。

闪光警告信号灯一般采用悬臂式，安装在需要提示驾驶人和行人注意瞭望、确认安全后再通过处的路侧。

信号灯安装高度：机动车信号灯，方向指示信号灯，闪光警告信号灯和道口信号灯等采用悬臂式安装时，高度 5.5 ~ 7m；采用柱式安装时，高度不应低于 3m；安装于立交桥体上时，不得低于桥体净空。道口信号灯高度不低于 3m。

指导机动车通行信号灯的安装方位，应使信号灯基准轴与地面平行，基准轴的垂面通过所控机动车道停车线后 60m 处中心点。

信号机箱的安装位置应考虑设置在视野宽阔，不妨碍行人及车辆通行的人行道上，能观察到交叉口的交通状况和信号灯变化状况，并能容易接驳电源的地点。信号机箱的基础位置与人行道的路缘距离应在 50 ~ 100cm，与路缘石平行，基础高于地面 20cm，平面尺寸应和信号机箱底座尺寸一致（图 3-111，图 3-112）。

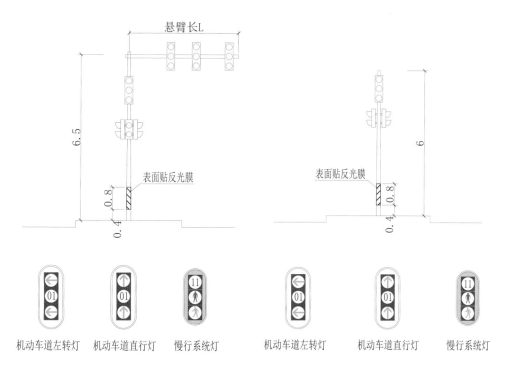

图 3-111　悬臂式信号灯
（图片来源：编者自绘）

图 3-112　柱式信号灯
（图片来源：编者自绘）

3.5.3.13 弱电设施

弱电设施的设置应充分考虑到使用需求合理布局，完全符合国家行业相关标准及公安部门有关安全技术规范要求，使设施功能尽可能完善并充分利用。系统稳定可靠、功能齐全、操作方便，具有良好的兼容性和可扩展性，易管理、易安装、易检测、易维护。所在位置需通风、干燥，且距离强电系统有一定的距离。

弱电设施（如电缆、光缆交接箱等通信设施、有线电视等）应设置于设施带内，并与其他设施应留有足够空间与位置，以满足安装、测试、使用、检修的要求。应根据所处地区年均雷暴天数及设备所处地形地貌特点，对弱电设施进行系统的防雷、接地设计。除此以外，还应具有防非法侵入网络、防火、防爆、防停电、防静电等功能。

弱电设施可通过采取绿化遮蔽措施，避免影响停车视距、干扰行人过街以及车辆通行。

可对通信、广电等箱体进行归并或集中设置，对交通箱和路灯箱进行多箱集中，尽量减少不必要箱体占用设施带空间。

弱电设施箱体应采用防水、防火、阻燃材料，牢固可靠、坚韧耐用、美观大方，鼓励弱电箱体结合绿化及艺术手段进行美化（图3-113，图3-114）。

图3-113　弱电设施美化
（图片来源：编者深圳拍摄）

图3-114　景观式弱电设施案例示意图
（图片来源：http://news.sina.com.cn/o/2012-07-17/020024785336.shtml）

3.5.3.14　报刊亭

报刊亭宜优先占用设施带空间，不足宽度可占用人行道空间。

人行道和设施带总体宽度小于5m的不应设置报刊亭。报刊亭设置间距应不小于1.5km。

报刊亭应背向机动车道，面向人行道经营。

主干道应严格控制报刊亭设置；非主干道上也应尽量少设占道报刊亭。

报刊亭不得占压盲道、市政管道井盖位置，不得妨碍沿路其他市政公用设施的使用；不得阻挡消防通道、建筑出入口；不得侵占城市公共绿地；不得遮挡治安监控探头。

随着多媒体科技发展，目前报刊亭在城市中逐步消失，为了保持这一传统的街道景观，报刊亭应积极与自助售卖机、多媒体资讯等新技术融合（图3-115，图3-116）。

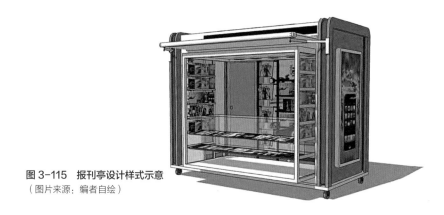

图 3-115 报刊亭设计样式示意
（图片来源：编者自绘）

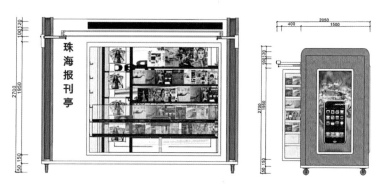

图 3-116 报刊亭设计尺寸大样
（图片来源：编者自绘）

3.5.3.15 公共座椅

公共座椅优先布置在人行道中，占用人行道空间宽度为 1 ~ 1.5m。当人行道宽度不足 3m 时，不宜在人行道空间布置座椅，可结合建筑前区布置。公共座椅宜靠近道路红线边设置，朝向街道（图 3-117）。

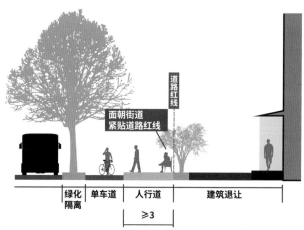

图 3-117 公共座椅设置位置示意
（图片来源：编者自绘）

商业型街道按照每 10m 设置 1 个，居住型街道按照每 20m 设置 1 个，其他街道按照每 30m 设置 1 个。

公共座椅的设计应满足人体舒适度要求。

座椅尺寸设计符合以下规定：

①高和宽：普通座面高 38 ~ 40cm，座面宽 40 ~ 45cm。

②长度：单人椅 60cm 左右，双人椅 120cm 左右，3 人椅 180cm 左右。

③倾斜度：靠背座椅的靠背倾角为 100° ~ 110° 为宜。

座椅材料多为木材、石材、混凝土、陶瓷、金属、塑料等。应优先采用触感好、经过防腐处理的木材，转角处应作磨边倒角处理。

商业型街道宜采用金属或复合材料，颜色多采用暖色调，体现热情活泼的商业氛围，居住型街道宜采用木质材料，体现宁静温馨氛围，座椅风格应与街道环境协调。

3.5.4 箱杆合并设计

3.5.4.1 多杆合一设计

多杆合一是指将街区界面上的各类交通设施杆件、市政设施杆件以及信息服务牌等，以立地条件、杆件结构特性为依据，进行分类整合。

鼓励对街区空间内的各类设施杆牌进行归并整合，并移除废弃的和内容重复的杆牌，原则上街区界面上只保留路灯杆、交通杆以及信息牌，其他标识标牌一律整合到以上"两杆一牌"上，不再单独设置。

合杆原则分别针对交通杆平台、路灯杆平台以及信息牌平台进行合杆规定。

交通杆平台：在满足行业标准、功能要求、安全性的前提下，以现状道路既有柱式、悬臂式、门架式交通杆件为合杆平台，整合现状平台周边 5m 以内的交通设施、市政设施以及科技便民设施；整合次序优先既有合杆设施，以及小型交通设施整合至大型交通结构为主。

路灯杆平台：在满足行业标准、功能要求、安全性的前提下，以路灯杆为合杆平台，整合现状路灯杆周边原则上距离 5m 以内的小型（一般为柱式支撑）交通设施、市政设施以及科技便民设施；路灯杆与大型（一般为悬臂式、门架式支撑）交通杆原则上距离小于 5m 时也应相互整合，且以路灯移至大型交通设施处为主。

信息牌平台：在满足行业标准、功能要求、安全性的前提下，以现状信息牌为合杆平台，整合现状平台周边 5m 以内的行人导向，信息发布和智能科技便民设施。

合杆设施设计如表 3-10。

表 3-10 合杆设施导引表

灵活配置 固定平台	承载设施					
	交通标识	信号灯	行人导向	信息发布	智能设施	其他
交通杆平台	●	○	●	○	●	○
路灯杆平台	○	○	○	○	○	○
信息牌平台	○	▬	●	●	●	○

注：●应结合 ○可结合 ▬不结合
（资料来源：《广州市城市道路全要素设计手册》）

合杆说明（图 3-118，图 3-119）：

① "应结合"是指杆件和承载设施在一般情况下都应该合杆；

② "可结合"是指在空间有限等情况下，距离在 5m 范围内的杆牌应合杆；

③ "不结合"是指杆件和承载设施在一般情况下都不可合杆；

④ 在满足行业标准、功能要求、安全性的前提下，合杆立柱应设在设施带或绿化带中；

⑤ 合杆设施的杆件、版面、设备等不得侵入道路建筑界限；

⑥ 合杆设施的杆件满足当地抗台风标准要求；

⑦ 合杆设施的版面、设备应避免被树木、桥墩、柱等物体遮挡，影响视认；

⑧ 不得利用合杆设施设立商业性广告；

⑨ 合杆后标牌或承载设施下缘应高出地面 2.5m；

⑩ 单个撑杆上标牌或承载设施数量不宜超过 4 个；

⑪ 合杆后道路照明评价指标不低于现行规范标准；

⑫ 所有合杆设施应避免互相遮挡。

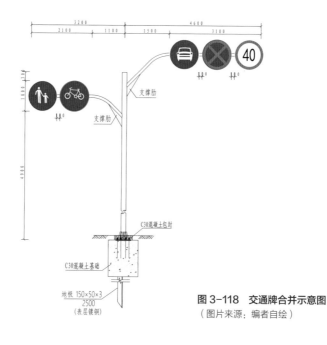

图 3-118 交通牌合并示意图
（图片来源：编者自绘）

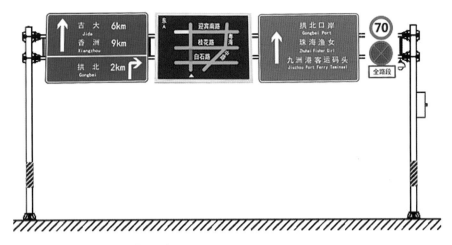

图 3-119　交通牌与信息牌合并示意图
（图片来源：编者自绘）

3.5.4.2 多箱并集设计

鼓励对现状街区空间内的各类通信、广电、交通、安监等弱电箱体进行梳理和有序整合，依据实施环境等具体情况，多箱并集同时可分为多箱归并和多箱集中这两大类整合形式（表 3-11，图 3-120）。

（1）多箱归并：当多箱设施位于商业型、居住型、景观型街道空间时，原则上应将通信箱和广电箱整合在一个固定的箱体中，进行多箱归并。

（2）多箱集中：当多箱设施位于交通型、工业型和综合型街道空间时，通信箱、广电箱、交通箱和安检箱宜集中设置在线缆汇聚中心位置，或现状箱体相对集中位置，形成多箱集中。原则上应在箱体规格、颜色、材料等风貌要素上建立协调标准，并在箱体相应位置设置铭牌以及安全警示等标识。

鼓励箱体结合绿化及艺术手段进行美化。

表 3-11　多箱并集导引表

箱体类型	街道类型					
	商业型	居住型	交通型	景观型	工业型	综合型
通信箱	●	●	○	●	○	○
广电箱	●	●	○	●	○	○
交通箱	○	○	○	○	○	○
安监箱	○	○	○	○	○	○

注：●多箱归并　○多箱集中
（资料来源：编者结合《广州市城市道路全要素设计手册》整理）

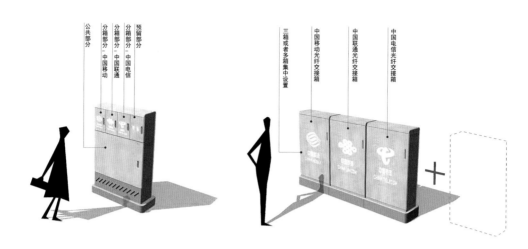

图3-120　多箱并集示意图
（图片来源：《广州市城市道路全要素设计手册》）

3.6 街道设计与建筑设计和道路工程设计协调

　　传统的地块建筑设计包含整个建筑立面的设计、建筑前区的设计。地块建筑设计专注于点的设计，当多个地块建设主体不一致时，相邻地块建筑立面、建筑前区协调不够，因此多地开展"穿衣戴帽"工程对规划建设失误进行修补。

　　传统的道路工程设计仅限于道路红线内空间设计，目前问题表现最突出的是建筑前区设计与道路红线慢行空间设计的割裂。

　　街道设计的显著特点就是将建筑立面、建筑前区、道路红线空间形成一体化的设计。其中重点做好建筑前区与道路慢行空间一体化设计。

　　在街道设计中，对现有街道改造很容易做到建筑界面、建筑前区、道路红线整体空间一体化协调设计，但是由于新建街道道路工程和地块开发一般不同步，因此需要做好前后建设的规划预留。在道路工程设计部分重点考虑周边地块出入口设计、停车需求设计、慢行空间与建筑前区一体化设计、道路工程设计，在地块建筑设计部分重点考虑建筑前区空间设计，其中两部分空间的慢行铺装、街道家具、绿化景观等部分需要协同设计。

第 4 章　规划建设管控

街道规划设计在项目立项、用地许可、规划报建、项目施工、项目验收、项目运营等方面涉及多个部门协调，其中自然资源部门掌控用地规划许可和建设工程许可两个重要的规划许可证，应将街道的建筑立面、建筑前区、道路设施等详细的规划管控要求落实在两证中。市政道路建设部门、园林绿化建设部门应对道路空间内的车行道、人行道、自行车道、公交停靠站、市政管线、道路绿化等建设质量和建设材料进行严格管控。工商部门、街道办应对沿街商业业态进行核准，城管执法部门应对沿街外摆、路内停车、户外招牌广告、座椅、自行车停放点等设施进行管理。需要特别提出的是建筑前区空间一般为开发商建设，在建设许可阶段应提出包含路面铺装、材料、绿化等详细的建设要求，并进行施工验收。

4.1 规划实施管控

4.1.1 用地条件许可

用地出让阶段明确街道设计相关要求。在用地出让阶段，需要根据控制性详细规划、城市设计、街景设计等设计要求，将涉及该地块的沿街要素相关设计要求纳入用地出让条件中。规划国土（自然资源）部门在建设用地规划许可证予以落实。

可将本书前述的街道规划管控内容纳入用地规划许可条件中予以管控。

以居住用地出让条件为例，参照珠海市用地出让条件模板，在用地条件中需明确以下内容：

①地块四周道路的街道功能，明确哪一临街面可以作为临街商业，哪一临街面设置围墙。

②地块公共空间、公共通道管控要求。

③临街商业建筑遮蔽形式。

④围墙设置要求。

⑤开放式建筑前区绿化布置、铺装设置要求。

⑥地块出入口设置要求。

以下为珠海市居住用地出让条件设置示例。

四、城市设计规划要求

1. 规划设计方案应综合考虑周边环境、路网结构、建筑群体布局、绿地系统及空间环境等，构成一个完善的、相对独立的有机整体。

2. 地块临＿＿＿路应作为临街商业设计，临＿＿＿路可建设围墙。

3. 开放式建筑前区。建筑退让范围原则不设置停车泊位，停车位应布置在室内。沿城市道路两侧建筑退让的绿带应该作为市政管线和附属设施的敷设空间，其地面建设内容限于绿化、硬质景观带与人行道。建筑前区绿化布置不应设置连续绿化带阻隔退让空间与道路慢行空间交流，建筑前区硬质铺装材质宜与道路人行道铺装相同或相似。

4. 建筑应尽量与主要街道平行或垂直布局。

5. 独立布置的商业裙房贴线率宜控制在 60%～70%。应按照城市设计要求进行商业建筑临街面建筑遮蔽设计。

6. 公共开放空间。居住小区用地规模达到 1.5hm² 及以上时，应将不小于其总绿地面积的 10%～15% 设置为开放式绿地(公共艺术空间)，开放式绿地应布置在小区边缘，应两侧临街，条件不允许时，应保持至少一侧临街，呈块状布局，应结合公共使用需求进行艺术化设计与海绵设计，增加休憩设施、雕塑、景墙、艺术化铺装等，营造活跃与具有趣味性的公共空间。

7. 公共通道。城市设计中要求地块内设置公共通道的，方案应预留出公共通道，且保证 24h 公共通行。

8. 临道路围墙(含门卫 10m² 以内)应设置在建筑退让道路红线距离 1/2 处，且主体高度宜控制在 2.0m 以内，围墙应通透设置，且与项目主体建筑统一报建。

9. 交通组织。用地内宜实行人车分流。用地内的交通组织应符合无障碍设计的有关规定。

10. 为了减少街道空间的压迫感，居住小区建筑布置应高低错落，形成富于变化的天际轮廓线。

11. 应尽量减少建筑面宽对城市景观的遮挡，滨水、沿山以及沿城市景观主干道两侧的高层住宅建筑应以点式为主，相关具体技术参数应按照《珠海市城乡规划技术标准与准则(2017版)》规定执行。

12. 城市设计要求未尽事项，应符合现行《珠海市城乡规划技术标准与准则(2017版)》及横琴相关规定、已批准实施的该片区控制性详细规划及城市设计等规定要求。

六、建筑设计要求

1. 建设项目在报审规划设计方案时，应提交三份总平面图，其中一份总平面图须制作在 1/500 或 1/1000 或 1/2000 现状地形图上。如现状地形图属蓝图，可直接在蓝图上按等比例绘制方案总图；如现状地形图属电子文件，可在电子文件上绘制方案总图，打印出图后须由市测绘院核准并盖章确认。

2.方案报建时，应提供交通组织分析图、竖向设计图、绿化景观设计总平面图、建筑前区景观设计平面图、公共空间设计专篇、绿色建筑设计专篇。

3.建设项目报审规划设计方案，需提交三个以上不同布局、不同风格的规划设计方案。如为进行方案设计招标的项目，需送设计方案中标通知书，中标方案及评审意见。重要项目的方案阶段应提交工作模型。

4.规划设计方案及施工图必须按照本设计条件中规定规划控制指标设计，严禁突破规定的容积率等开发强度指标。在统一规划分期实施且部分已建成的用地范围内，建设单位要求对剩余地块规划设计方案进行修改的，必须报原审批部门批准。

5.新建项目报审设计方案时，若按规定需作日照分析的，应满足周边建筑的日照要求，日照分析技术要求应按现行《珠海市城乡规划技术标准与准则（2017 版）》执行。所提交日照分析图应明确户型分隔、日照分析软件名称和版本、所分析日期、时间段、高度及结论，并加盖设计院出图章及注册建筑师章。

6.应在报建的总图中表示垃圾收集点（垃圾房）、配电房、物业管理用房、社区工作用房等公共配套设施的位置。

7.按照规定配建的停车场（库）、无障碍设施、道路关系、消防、配套绿化、城市供电、排水、物业管理、社区用房、环境卫生、夜景亮化等公建配套设施，应对与建设工程统一设计，同步建设，同时交付使用，并不得擅自改作他用。

8.项目用地内室外地面标高与周边道路及其他用地的高差原则上不超出 0.3m，因地形原因地下室完成面突出室外地面以上部分的高度不应大于 1.5m，且建筑退让红线与用地红线间的室外地面标高及绿化应与周边道路及用地相协调，进行缓坡处理，避免挡土墙直接沿路，影响城市景观。

9.与周围建筑、场地的关系，应顺接。

10.住宅建筑面宽应按照现行《珠海市城乡规划技术标准与准则（2017 版）》要求进行设计。

11.商铺如需设置餐饮功能，须在规划设计图纸中明确标注，且应结合建筑单体设置永久烟道。

12.防震设计按国家现行规范标准及有关珠海地震强度的要求执行。

13.按珠海市人防主管部门相关规定建设人防地下室，明确平时用途。

14.凡需配置烟囱、水泵房、加压水池等设施，应设置在建筑物内或结合建筑物设置。空调、防护（防盗）网、室外管道设置应与建筑主体设计统一考虑。屋顶冷却塔、擦窗机等设备应符合城市景观和环境保护要求，提供视觉遮挡。

15.应结合规划，按照《无障碍设计规范》和《无障碍建设指南》（住房和城乡建设部标准定额司编）等有关标准、规范及规定，对用地与周围的外部环境空间及用地内室内外环境空间进行无障碍设计，设计文件中应有无障碍设计专项内容。

16.应注重并进行第五立面的设计。

17.商业建筑墙面须考虑广告位置。

18.开发项目方案在规划许可前，须在项目用地现场和网上作"批前公示"。在规划设计方案经我局批准之后，须作"批后公告"。

19.本设计条件未作具体规定的，应按国家、省、市现行的政策、规范及标准执行。

九、交通市政规划要求

1. 交通工程

1) 车行路口数量与位置：

宜设置＿＿＿个车行出入口，车行出入口设置在地块＿＿＿侧，按照周边道路等级从低到高的顺序设置车行出入口。

路口间距及路口距道路交叉口的距离须符合《珠海市城乡规划技术标准与准则（2017版）》及国家、省、市现行的政策、规范及标准规定。

2) 交通影响评价：按照珠海市交通主管部门制定的《珠海市建设项目交通影响评价管理办法》要求执行。

3) 其他要求：

车行出入口应抬升与人行道或非机动车道同高程，保证慢行交通平顺。

建议在车行出入口设置减速设施、交通指示标志以及地面交通标线等。

建议单独设置人行出入口，实现人车分离，保证居住用地行人安全。

用地内有现状公共道路的，须采取有效疏解措施后方可围蔽。

对于道路用地规划条件，在道路起终点、道路红线宽度等常规许可条件下，建议增加以下管控要求：

①街道分段分界面功能管控要求。

②道路交叉口的管控，明确平面交叉是否渠化拓宽、缩窄、转弯半径等要求。

③公交设施管控，明确是否设置公交专用道、是否设置港湾式公交站点、是否结合站点与地块之间设置有盖步行廊道等要求。

④慢行空间管控，明确非机动车道形式（独立、人非混行、机非混行）、非机动车道铺装材料、人行道铺装材料。

⑤停车设施管控，明确路内、退让停车设置形式。

⑥人行过街管控，明确立体过街设施（形式、占地）、平面过街设施形式和位置。

⑦地块开口管控，结合相关部门意见明确地块开口位置和形式。

⑧绿化隔离设施管控，明确绿化种植植物种类，明确行道树树池设置形式，明确绿化与设施带布置内容。

⑨交通设施管控，明确杆件合一和箱体合并要求，明确设施对城市景观协调要求。

对道路工程的用地规划条件中明确如下：

一、道路设计规划要求

1.街道功能

本道路工程_____段功能定义____侧为____街道，____侧为___街道，道路设计等级为城市___路，设计红线___m。（详见附图）

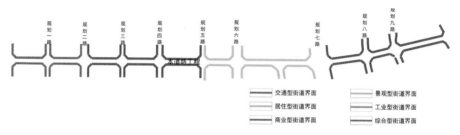

道路分界面功能划分示意图

2.道路交叉口

本道路工程共设计___交叉口，平面交叉口___个，立体交叉口___个。其中_____交叉口应根据国家规范及规划要求进行渠化拓宽设计，_____交叉口应根据规划要求进行缩窄并抬高设计。

3.地块开口

路口间距及地块开口距道路交叉口的距离须符合《珠海市城乡规划技术标准与准则（2017版）》及国家、省、市现行的政策、规范及标准规定。

地块开口设置形式结合道路断面布置满足慢行平顺、连续原则进行设计。

4.公共交通

本道路工程___应设置公交专用道，公交专用道应采用_____色透水沥青铺装。道路设置港湾式公交站，应对港湾采用_____色沥青铺装。

公交站台形式风格统一。

_____公交站应结合周边地块同步设置有盖廊道。

5.慢行空间

非机动车道宜采用独立设置形式。当采用机非混行设置形式时应按照规范要求进行设计。

非机动车道应采用＿＿色透水沥青铺装。

人行道宜采用＿＿材料铺装。

人行道上井盖应与路面齐平，不影响行人通行体验，材料应与人行道协调，宜进行艺术化处理。

座椅宜靠近道路红线边设置，朝向街道。商业型街道宜采用＿＿＿＿材料，居住型街道宜采用＿＿材料，座椅风格应与街道环境协调。

6. 停车空间

本道路工程＿＿＿＿段内可设置路内咪表停车，采用平行于道路中心线形式设置。

本道路工程＿＿＿＿段结合退让空间、慢行空间设置港湾式停车带。

在严禁停车段应严格设置相应的标志标线，在路缘石上施划禁止停车标线。

7. 人行过街

本道路工程在＿＿＿＿等位置设置立体过街设施，同时在＿＿＿＿等位置设置的立体过街设施要求与两侧商业建筑连通。

本道路工程在＿＿＿＿等交叉口设置平面过街，视情况设置路段平面过街。

平面过街形式宜采用＿＿＿＿。鼓励采用抬升式斑马线设置形式。

8. 绿化隔离

本道路工程中央绿化带以种植＿＿＿＿为主，机非隔离带种植＿＿＿＿为主，形成通透大气的绿化景观效果。

行道树树池设计要求树池表面宜与人行道铺装面平整，裸露树穴应加设盖板或碎石覆盖处理，材料应选用与人行道铺装相协调的材料。

设施带与绿化隔离带宜合并布置。设施带内可布置人行护栏、灯柱、邮箱、垃圾桶、指路牌、非机动车停靠点、公共自行车租赁点、信息栏、消火栓、交通标志、交通信号灯、交通监控、弱电、设施变电设施。

9. 交通设施

鼓励各种设施杆件合并设计，杆件设置样式、颜色应符合街道整体风格，鼓励各种箱体合并设计，箱体应结合绿化及艺术手段进行美化。

4.1.2 项目报建许可

在项目报建过程中，涉及自然资源、交警、建设、水务、市政、园林等多部门，建议形成街道要素审查一览表，明确控制性管控要求和引导性管控要求，对报建方案的审查结论落实在建设工程许可证上（表 4-1 ~ 表 4-6）。

表 4-1　商业型街道审查管控要素表

空间	管控要素	控制性	引导性	适用条件	备注
建筑立面	建筑色彩	√			
	建筑风格	√			
	建筑装饰		√		
	建筑阳台	√			
	首层门窗透明率	√			
	立面玻璃幕墙	√			
	店招	√			
	广告	√			
	骑楼	√			次干路、支路可视情况进行零退让
	其他建筑遮蔽（雨棚、挑檐、建筑出挑）		√		
	防盗网	√			
	空调外挂	√			
建筑前区	绿化形式	√			
	地块开口	√			
	铺装	√			与人行道一体化铺装
	公共座椅		√		若设置时需朝向建筑
	商业外摆		√	当建筑前区宽度大于10m时，可设置不大于6m的冷餐区；当建筑前区宽度在7～10m时，可设置不大于4m的冷餐区；当建筑前区宽度在5～7m时，可设置不大于3m的冷餐区，当建筑前区宽度在小于5m时，不宜设置冷餐区	
	台阶		√		
	坡道		√		
	公共艺术		√	建筑前区宽度大于6m的街道可布设公共艺术小品；小品最大宽度不宜超过建筑前区宽度的1/3且最大宽度不能超过3m	

空间	管控要素	控制性	引导性	适用条件	备注
道路空间	人行道	√			
	非机动车道	√			
	机动车道	√			
	掉头口		√		
	交叉口	√			
	人行过街	√			
	无障碍设施	√			
	公交站点	√			
	出租车上落客点		√		
	路内停车		√	结合商业业态在次干路、支路上设置	
	路缘石		√		
	阻车桩		√		
	路拱		√	支路	
	小型环岛		√	支路	
	交叉口抬高		√	支路	
	交叉口窄化		√	结合路内停车设置	
	行车道窄化		√	支路	
	车道偏移		√	支路	
环境设施空间	绿化隔离	√			
	人行护栏		√		
	灯柱	√			
	垃圾桶	√			
	行道树	√			树池型要求树池表面与人行道平整，树池加盖
	指路牌		√		
	自行车停放点		√		
	信息栏		√		
	消火栓	√			
	交通信号灯	√			
	治安监控	√			
	交通标志	√			
	弱电设施		√		
	公共座椅	√			面朝机动车道
	报刊亭		√		
	公交站亭	√			

表 4-2　居住型街道审查管控要素表

空间	管控要素	控制性	引导性	适用条件	备注
建筑立面	建筑色彩	√			
	建筑风格	√			
	建筑装饰		√		
	建筑阳台	√			
	防盗网	√			
	空调外挂	√			
建筑前区	围墙	√			
	绿化形式	√			
	沿街广场	√			
	地块开口	√			
道路空间	人行道	√			
	非机动车道	√			
	机动车道	√			
	掉头口		√		
	交叉口	√			
	人行过街	√			
	无障碍设施	√			
	公交站点	√			
	出租车上落客点		√		
	路缘石		√		
	阻车桩		√		
	路拱		√	支路	
	小型环岛		√	支路	
	交叉口抬高		√	支路	
	交叉口窄化		√	支路视情况 窄化处理	
	行车道窄化		√	支路	
	车道偏移		√	支路	

空间	管控要素	控制性	引导性	适用条件	备注
环境设施空间	绿化隔离	√			
	人行护栏		√		
	灯柱	√			
	垃圾桶	√			
	行道树	√			树池型要求树池表面与人行道平整，树池加盖
	指路牌		√		
	自行车停放点		√		
	信息栏		√		
	消火栓	√			
	交通信号灯	√			
	治安监控	√			
	交通标志	√			
	弱电设施		√		
	公共座椅	√			面朝机动车道
	报刊亭		√		
	公交站亭	√			

表 4-3　景观型街道审查管控要素表

空间	管控要素	控制性	引导性	适用条件	备注
道路空间	人行道	√			
	非机动车道	√			
	机动车道	√			
	掉头口		√		
	交叉口	√			
	人行过街	√			
	无障碍设施	√			
	公交站点	√			
	出租车上落客点		√		
	路缘石		√		
	阻车桩		√		
	路拱		√	支路	
	小型环岛		√	支路	
	交叉口抬高		√	支路	
	交叉口窄化		√	支路视情况窄化处理	
	行车道窄化		√	支路	
	车道偏移		√	支路	

空间	管控要素	控制性	引导性	适用条件	备注
环境设施空间	绿化隔离	√			
	人行护栏		√		
	灯柱	√			
	垃圾桶	√			
	行道树	√			树池型要求树池表面与人行道平整，树池加盖
	指路牌		√		
	自行车停放点		√		
	信息栏		√		
	消火栓	√			
	交通信号灯	√			
	治安监控	√			
	交通标志	√			
	弱电设施		√		
	公共座椅	√			面朝机动车道
	报刊亭		√		
	公交站亭	√			

表 4-4　工业型街道审查管控要素表

空间	管控要素	控制性	引导性	适用条件	备注
建筑立面	建筑色彩	√			
	建筑风格	√			
	建筑装饰		√		
	防盗网		√		
	空调外挂		√		
建筑前区	围墙	√			
	绿化形式	√			

空间	管控要素	控制性	引导性	适用条件	备注
道路空间	人行道	√			
	非机动车道	√			
	机动车道	√			
	掉头口		√		
	交叉口	√			
	人行过街	√			
	无障碍设施	√			
	公交站点	√			
	出租车上落客点		√		
	路缘石		√		
	阻车桩		√		
环境设施空间	绿化隔离	√			
	人行护栏		√		
	灯柱	√			
	垃圾桶	√			
	行道树	√			树池型要求树池表面与人行道平整，树池加盖
	指路牌		√		
	自行车停放点		√		
	信息栏		√		
	消火栓	√			
	交通信号灯	√			
	治安监控	√			
	交通标志	√			
	弱电设施		√		
	公交站亭		√		

表 4-5 综合型街道审查管控要素表

空间	管控要素	控制性	引导性	适用条件	备注
建筑立面	建筑色彩	√			
	建筑风格	√			
	建筑装饰		√		
	建筑阳台		√		
	首层门窗透明率		√	开放式退让空间	参照商业街道界面设置
	立面玻璃幕墙	√			
	店招	√		开放式退让空间	参照商业街道界面设置
	广告	√		开放式退让空间	参照商业街道界面设置
	骑楼		√	开放式退让空间	参照商业街道界面设置
	其他建筑遮蔽（雨棚、挑檐、建筑出挑）		√	开放式退让空间	参照商业街道界面设置
	防盗网	√			
	空调外挂	√			
建筑前区	绿化形式	√			
	地块开口	√			
	围墙		√	非开放建筑退让	参照居住街道界面设置
	沿街广场		√	非开放建筑退让	参照居住街道界面设置
	铺装		√	开放式退让空间	参照商业街道界面设置
	公共座椅		√	开放式退让空间	参照商业街道界面设置
	商业外摆		√	开放式退让空间	参照商业街道界面设置
	台阶		√		
	坡道		√		
	公共艺术		√	开放式退让空间	参照商业街道界面设置

空间	管控要素	控制性	引导性	适用条件	备注
道路空间	人行道	√			
	非机动车道	√			
	机动车道	√			
	掉头口		√		
	交叉口	√			
	人行过街	√			
	无障碍设施	√			
	公交站点	√			
	出租车上落客点		√		
	路内停车		√	结合局部有底层商业在次干路、支路上设置	参照商业街道界面设置
	路缘石		√		
	阻车桩		√		
	路拱		√	支路	
	小型环岛		√	支路	
	交叉口抬高		√	支路	
	交叉口窄化		√	结合路内停车设置	
	行车道窄化		√	支路	
	车道偏移		√	支路	
环境设施空间	绿化隔离	√			
	人行护栏		√		
	灯柱	√			
	垃圾桶	√			
	行道树	√			树池型要求树池表面与人行道平整，树池加盖
	指路牌		√		
	自行车停放点		√		
	信息栏		√		
	消火栓	√			
	交通信号灯	√			
	治安监控	√			
	交通标志	√			
	弱电设施		√		
	公共座椅	√			面朝机动车道
	报刊亭		√		
	公交站亭	√			

表 4-6 交通型街道审查管控要素表

空间	管控要素	控制性	引导性	适用条件	备注
建筑立面	建筑色彩	√			
	建筑风格	√			
	建筑装饰		√		
	防盗网		√		
	空调外挂		√		
建筑前区	围墙	√			
	绿化形式	√			
道路空间	人行道	√			
	非机动车道	√			
	机动车道	√			
	掉头口	√			
	交叉口	√			
	人行过街	√			
	无障碍设施	√			
	公交站点	√			
	出租车上落客点	√			
	路缘石	√			
	阻车桩	√			
环境设施空间	绿化隔离	√			
	人行护栏	√			
	灯柱	√			
	垃圾桶	√			
	行道树	√			树池型要求树池表面与人行道平整,树池加盖
	指路牌		√		
	自行车停放点		√		
	消火栓	√			
	交通信号灯	√			
	治安监控	√			
	交通标志	√			
	弱电设施		√		
	公交站亭		√		

4.2 建设实施管控

街道规划建设较传统的道路建设更强调精细化、品质化、系统化。在规划实施建设过程中受传统规章制度、历史条件制约，不可能一步到位建设，需要通过渐进式的街道建设运动逐步推进完整街道建设进程。各地在建设街道过程中遇到的阻力和工作难度不同，街道建设宜一地一策，建议一是可以采用街道试点工作逐步推广街道建设；二是对街道的管控要素从先易后难出发，分类分层建设。

4.2.1 街道试点

建议结合土地开发利用情况及道路建设情况，对新建街道和改建街道进行综合试点，新建街道以道路两侧用地仍未出让的街道为主，改建街道以现状道路改造条件成熟，且对周边用地不做较大调整为前提。对试点街道总结经验，形成各地街道建设规范性的做法。

4.2.2 分类建设

街道分类建设主要是基于街道建设管控要素的难易程度进行三类划分，逐步推进街道精细化建设。

第一类为现阶段最容易实施的管控要素，要求建设完成立马见效，需要在规划管控和建设实施过程强制管控。此类要素包括人行道铺装、非机动车道铺装、公交专用道铺装、公交港湾站铺装、路内停车、掉头口、出租车上落客点、抬升式人行过街横道、交叉口窄化等稳静化措施、公交站台（站亭）、路缘石车止石车转石艺术化、设施箱体绿化美化、行道树树池设计、符合规范的无障碍设施。

第二类为需要协调相关部门和利益主体实施的管控要素，需要管理部门建立实施协调审查机制，对街道体现品质化的要素设计加以协调。此类要素包括建筑前区退让距离、建筑遮蔽形式、建筑前区商业外摆、建筑前区铺装、建筑前区绿化布置、建筑前区坡道及台阶、建筑前区公共设施、多杆合一、多箱并集设计、沿街地块出入口、深港湾式停车带、机非分隔设计、小型环岛、车道偏移、绿化隔离绿化种植要求、人行护栏样式、道路照明样式及色彩、垃圾箱样式及色彩、指路牌样式及色彩、交通标志、交通监控、交通信号灯、共享单车停放点、消防设施、公共座椅、报刊亭等。

第三类为引领性管控要素，这部分要素设计需要突破现行规范要求，或者增加了智慧城市设计内涵，引领城市街道未来发展方向的管控要素。此类要素包括机动车道缩窄设计、小转弯半径设计、街道绿地率设计要求、突破规范的无障碍设施设计、智慧路灯设计、智慧垃圾箱设计、人性化指路牌设计、智慧公交站台设计、智慧报刊亭设计、艺术化座椅设计等。

4.2.3 分层建设

在开放式建筑前区的街道建设时，要求建筑前区与道路慢行空间一体化设计施工，由于两者权属及实施时序不同，此时需要进行建设协调，可采用同步实施、分步实施、后期改造三种策略。

（1）同步实施：地块开发与道路建设时序一致时，可同步实施红线内道路和退让部分，一次建设到位。新建一体化人行道建议由单一建设主体统一建设，以道路红线为界，由政府和开发商分摊建设费用，若开发商对红线内人行道部分有附加要求，应承担相应建设成本，并由政府和开发商分开管理（图4-1）。

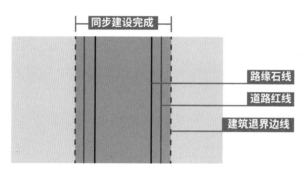

图4-1 同步实施示意
（图片来源：编者自绘）

（2）分步实施：当地块开发与道路建设时序不一致时，可根据具体使用需求，先期建设红线内部分，政府部门对建筑退让部分提出一体化设计要求，后期地块开发结合要求进行建设。道路红线内外建设主体单位和管理实施主体单位分别为政府和地块开发商（图4-2）。

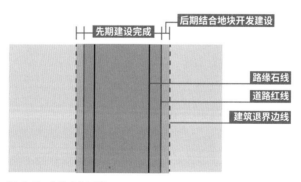

图4-2 分步实施示意
（图片来源：编者自绘）

（3）改造提升：地块退让翻新与道路改造同步实施，政府负责建设。此时道路红线内外的建设主体单位和管理实施主体单位均为政府部门。

第 5 章　街道规划设计示例

横琴香江路位于天沐河南侧，目前两侧建筑中央汇商业区、新家园住宅区、横琴小学等已经建成投入使用，有大量人口在此聚集，属于横琴新建区域较为成熟的地段。道路两侧仍有金源广场、佳景广场、保障房用地正在建设。

香江路为城市次干路，双向4车道，红线宽度30m，改造的道路路段位于环岛东路至子期路段，总长约480m，沥青路面铺装，人机非分离，通车条件良好。

由于本段街道为改造街道，两侧建筑界面均为已建或者在建，对建筑界面的改造空间不大，受本工程建设主体单位的委托，本工程主要集中在建筑前区、道路工程、街道小品的提升改造（图5-1）。

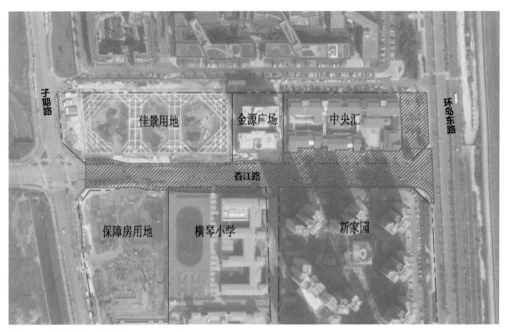

图 5-1 香江路区位示意图
（图片来源：编者自绘）

5.1 街道功能分类

按照控规用地，结合现状建设情况，确定香江路改造段北侧为商业型街道界面，南侧为居住型街道界面。该条街道已经按照《珠海市城市规划技术标准与准则（2017版）》进行建筑退让道路红线空间控制，多层退让15m，高层退让20m（图5-2）。

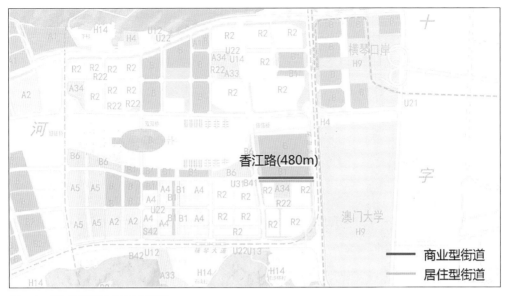

图 5-2　香江路街道界面划分示意图
（图片来源：编者自绘）

5.2 街道现状主要问题

　　该街道为已建街道，改造工程范围不包含建筑立面，因此现状不对建筑立面进行评价。在工程改造范围内主要表现出以下问题：

　　一是商业型街道界面侧建筑前区停车影响沿街慢行活动，且前区铺装已经出现一定损毁。此问题在珠海市香洲城区普遍存在，表明现行的规划标准导向存在一定的失误（图 5-3）。

图 5-3　香江路建筑前区停车
（图片来源：编者自摄）

二是商业型街道界面侧建筑前区铺装与道路红线内的慢行空间铺装不统一，建筑前区采用黄锈石花岗岩铺装，道路红线内的人行道采用透水砖铺装，两者用路平石隔离，存在"实体"的道路红线，虽然方便了建设管理，但是不利于整体街道品质的营造（图5-4）。

图 5-4　香江路建筑前区与道路慢行空间铺装
（图片来源：编者自摄）

三是人行过街斑马线安全性较低，且毫无特色。香江路南侧为横琴小学和新家园住宅区，北侧为中央汇商业区，过街流量需求大，现状仅施划了一条斑马线，对车辆减速未予控制，且缺少无障碍人性化的设计（图5-5）。

图 5-5　香江路人行过街斑马线
（图片来源：编者自摄）

　　四是街道小品和沿街外摆缺乏统一。与街道整体风格不协调。商业型街道界面侧的中央汇入口设置一处小品，但是位于绿化景观带内，与行人的接触不够，沿街仅有一处咖啡店设置了外摆空间，建筑遮蔽也未能统一，整个界面看起来碎片化，且室内外存在台阶，不利于特殊人群的自由穿越（图 5-6，图 5-7）。

图 5-6　香江路沿街小品
（图片来源：编者自摄）

图 5-7　香江路沿街外摆和遮蔽
（图片来源：编者自摄）

5.3 街道改造总体思路

针对现状问题，本次提出功能置换、安全改善、风貌提升三大改造策略。

①功能置换：主要是将建筑前区停车与道路慢行空间置换，车车归并，人人归并，形成人车互不干扰环境。

②安全改善：主要对过街安全及交通稳静化处理，同时对横琴小学家长接送点进行处理。

③风貌提升：主要沿街小品、铺装、座椅、外摆、箱变等进行风格统一化及美化设计。

5.4 街道改造设计

5.4.1 港湾停车带设计

本工程打破道路红线界限，提出现状建筑前区停车与道路红线内的慢行空间置换，该工作需要协调各地块建设单位及沿街承租商户的意见，协调难度较大。本工程本着不减少现有停车数量，按照横琴当地生态停车场建设要求，结合乔木遮阳计算，以四棵大树两个车位设计，在树种选型上尽量选用冠幅大的树种，来覆盖室外停车空间，满足停车位遮阳要求（图5-8，图5-9）。

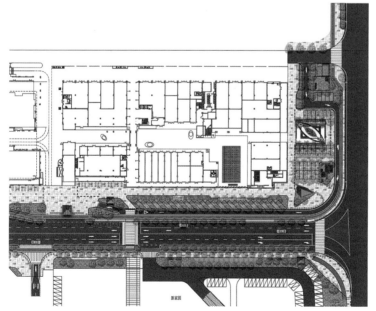

图5-8 香江路中央汇港湾停车设计平面图
（图片来源：编者自绘）

图 5-9　香江路中央汇港湾停车设计效果图
（图片来源：编者自绘）

5.4.2　人行过街及地块开口抬升设计

　　针对中央汇入口处的人行过街斑马线进行抬升设计，降低此处车速，同时采用横琴特有的蓝白色条纹，更显横琴特色（图 5-10）。

图 5-10　香江路中央汇过街斑马线设计效果图
（图片来源：编者自绘）

181

同时对横琴小学开口进行抬升设计处理，保证自行车道、人行道同高程（图5-11）。

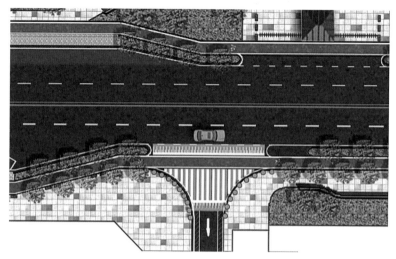

图5-11　横琴小学地块开口设计效果图
（图片来源：编者自绘）

本工程在居住型街道界面侧横琴小学段对香江路进行局部拓宽，将横琴小学侧慢行空间的家长接送点临时停车置换到港湾式停车空间，将道路慢行空间置换到小学围墙侧，同时将小学围墙进行垂直绿化（图5-12）。

图5-12　横琴小学港湾式临时停车点设计效果图
（图片来源：编者自绘）

5.4.3 更换铺装，凸显特色

由于横琴毗邻澳门，城市建设风貌要求与之和谐。本工程对商业型街道界面侧建筑前区铺装与道路红线内慢行空间铺装材料、高程均保持一致，建议参考澳门碎石铺装（图 5-13）。

图 5-13　建筑前区铺装设计效果图
（图片来源：编者自绘）

同时对座椅、垃圾桶、慢行指示牌、移动花钵、报刊亭等街道小品进行个性化设计，对现状箱变进行美化处理，对现有杆件设施进行多杆合一设计。

参考文献

1. 上海市规划和国土资源管理局，上海市交通委员会，上海市城乡规划设计研究院．上海市街道设计导则 [M]．上海：同济大学出版社，2016.

2. 广州市住房和城乡建设委员会，广州市城市规划勘测设计研究院．广州市城市道路全要素设计手册 [M]．北京：中国建筑工业出版社，2018.

3.（加拿大）简·雅各布斯．美国大城市的死与生 [M]．金衡山译．南京：译林出版社，2006.

4.（英）彼得·琼斯，（澳）纳塔莉娅·布热科，（英）斯蒂芬·马歇尔．交通链接与城市空间——街道规划设计指南 [M]．孙壮志，刘剑锋，刘新华译．北京：中国建筑工业出版社，2012.

5. 徐磊青，康琦．商业街的空间与界面特征对步行者停留活动的影响——以上海市南京西路为例 [J]．城市规划学刊，2014(3)：104-111.

6. 陈泳，赵杏花．基于步行者视角的街道底层界面研究——以上海市淮海路为例 [J]．城市规划，2014(38)：24-31.

7.（美）阿兰·雅各布斯．伟大的街道 [M]．王又佳，金秋野译．北京：中国建筑工业出版社，2009.

8.（丹麦）扬·盖尔．人性化的城市 [M]．欧阳文，徐哲文译．北京：中国建筑工业出版社，2010.

9. 方智果，宋昆，叶青．芦原义信街道宽高比理论之再思考——基于"近人尺度"视角的街道空间研究 [J]．新建筑，2014（5）：136-140.

10. 方智果．基于近人空间尺度适宜性的城市设计研究 [D]．天津：天津大学，2013.

11. 陈泳，张一功，袁琦．基于人性化维度的街道设计导控——以美国为例 [J]．时代建筑，2017(06)：26-31.

12. Transport for London, Streetscape Guidance 2009: Executive Summary[M].London: Communications Planning Surface Transport,2009

13. New York City Department of Transportation. Street Design Manual[R]. New York: NYDOT, 2009.

14. Abu Dhabi Urban Planning Council.Abu Dhabi Urban Street Design Manual[EB/OL]. 2009[2014-01-10]. http://www.upc.gov.ae/template/upc/pdf/USDM-Manual-English- v1.1.pdf.

15.（挪威）诺伯格·舒尔茨．存在·空间·建筑 [M]．尹培桐译．北京：中国建筑工业出版社，1990.

16. 石峰．度尺构形——对街道空间尺度的研究 [D]．上海：上海交通大学，2005.

17.（日）芦原义信．街道的美学 [M]．尹培桐译．南京：江苏凤凰文艺出版社，2017.

18. 沈磊、孙宏刚．效率与活力——现代城市街道结构 [M]．北京：中国建筑工业出版社，2007.

19. 周钰．街道界面形态的量化研究 [D]．天津：天津大学，2012.

20. 周钰．街道界面形态规划控制之"贴线率"探讨 [J]．城市规划，2016(8)：25-29.

21. Lewelyn Davies.Urban Design Compendium[M].London: English Partnerships, 2007.

22. 深圳市规划与国土资源局．《深圳市中心区城市设计与建筑设计 1996—2002》系列丛书 [M]．北京：中国建筑工业出版社，2002.

23. 黄健文．旧城改造中公共空间的整合与营造 [D]．广州：华南理工大学，2011.

24. 匡晓明，徐伟．基于规划管理的城市街道界面控制方法探索 [J]．规划师，2012(6)：70-75.

25.（美）凯文·林奇．城市意象 [M]．方益萍，何晓军译．北京：华夏出版社，2017.

26. Lopez T G. Influence of the Public-private Border Configuration on Pedestrian Behavior: the Case of the City Madrid[D]. Spain: La Escuela Tecnica Superior de Arquitectura de Madrid,2003.

27. 龙瀛，周垠．街道活力的量化评价及影响因素分析——以成都为例 [J]．新建筑，2016(01)：52-57.

28. 郝新华，龙瀛，石淼，王鹏．北京街道活力：测度、影响因素与规划设计启示 [J]．上海城市规划，2016(3)：37-45.

29. 彭建国，石孟良．灰空间的建筑生态相关问题的探讨 [J]．铁道科学与工程学报，2007(04)：84-87.

30. 刘泉，张震宇．综合因素影响下的建筑退让道路红线间距控制——以广州市番禺区为例 [J]．城市规划学刊，2016（1）：63-71.

31. 江剑英．建筑退让道路红线间距控制及规划管控——以珠海市横琴新区为例 [J]．城市规划学刊，2019（4）：79-86.

32. 刘剑刚．城市活力之源——香港街道初探 [J]．规划师，2010（7）：124-127.

33. 范炜，金云峰，陈希萌．公园—广场景观：理论意义、历史渊源与在紧凑型城区中的类型分析 [J]．风景园林，2016（4）：88-95.

34. 吴巧．口袋公园——高密度城市的绿色解药 [J]．园林，2015（2）：45-49.

35. 翟俊．景观基础设施公园初探——以城市雨洪公园为例 [J]．国际城市规划，2015（5）：110-115.

36. 罗小虹．国内外城市中心区立体步行交通系统建设研究 [J]．华中建筑，2014（8）：127-131.

37. （日）土木学会．道路景观设计 [M]．章俊华，陆伟，雷芸译．北京：中国建筑工业出版社，2003.

38. 徐磊青，孟若希，陈筝．迷人的街道：建筑界面与绿视率的影响 [J]．风景园林，2017(10)：27-33.

39. （英）克利夫·芒福汀，泰纳·欧克，史蒂文·蒂斯迪尔．美化与装饰 [M]．韩冬青，李东，屠苏南译．北京：中国建筑工业出版社，2004.

40. （英）克利夫·芒福汀．绿色尺度 [M]．陈贞，高文艳译．北京：中国建筑工业出版社，2004.

41. 周俭，张恺．在城市上建造城市——法国城市历史遗产保护实践 [M]．北京：中国建筑工业出版社，2002.

42. 李飞．世界一流商业街的形成过程分析 [J]．国际商业技术，2003（5）：18-21.

43. 黄超，城市街道景观设计研究 [D]．长沙：中南大学，2009.

44. 梁江，孙晖．模式与动因 [M]．北京：中国建筑工业出版社，2007.

45. 周彝馨．骑楼建筑可持续发展构想 [J]．城市，2008（3）：44-46.

46. 陈瑜．骑楼形态在现代城市·建筑中的应用研究 [D]．重庆：重庆大学，2006.

47. 刘晓慧．具有城市特色的住区环境设计研究——以郑东新区为例 [D]．西安：西安建筑科技大学，2007.

48. 彭耕，陈诚．成都市小街区规划研究 [J]．规划师，2017（11）：141-147.

49. （英）卡门·哈斯克劳，英奇·诺尔德，格特·比科尔，格雷汉姆·克兰普顿．文明的街道——交通稳静化指南 [M]．郭志峰，陈秀娟译．北京：中国建筑工业出版社，2008.

50. Transport for London.Yellow Book A prototype wayfinding system for London [EB/OL].[2019-01-15].http://content.tfl.gov.uk/ll-yellow-book.pdf.

相关规范、准则、规定和规程

1.《城市综合交通体系规划标准》GB/T 51328—2018

2.《城市道路工程设计规范》CJJ 37—2012

3.《城市道路交叉口规划规范》GB 50647—2011

4.《城市道路交叉口设计规程》CJJ 152—2010

5.《无障碍设计规范》GB 50763—2012

6.《城市道路绿化规划与设计规范》CJJ 75—97

7.《城市绿地分类标准》CJJ/T 85—2017

8.《城市道路交通标志和标线设置规范》GB 51038—2015

9.《城市道路路内停车管理设施应用指南》GA/T 1271—2015

10.《城市公用交通设施无障碍设计指南》GB/T 33660—2017

11.《海绵城市建设技术指南——低影响开发雨水系统构建（试行）》（住建部，2014）

12.《城市交通设计导则》（住建部，2015）

13.《城市步行和自行车交通系统规划设计导则》（住建部，2013）

14.《关于清理和控制城市建设中脱离实际的宽马路、大广场建设的通知》（财政部，建规〔2004〕29号）

15.《关于开展人行道净化和自行车专用道建设工作的意见》（住建部，建城〔2020〕3号）

16.《中共中央国务院关于进一步加强城乡规划建设管理工作的若干意见》（2016）

17.《街道设计标准》（上海市工程建设规范 DG/TJ 08—2293—2019）

18.《珠海经济特区户外广告设施和招牌设置技术规范（试行稿）》（珠海市工程建设规范，2018）

19.《城市道路机动车道宽度设计规范》（浙江省工程建设标准 DB 33/1057—2008）

20.《武汉市城市道路车道宽度技术规定》（武汉市工程建设标准 WJG 215—2012）

21.《南京市城市道路交通工程设计与建设管理导则》（南京，2007）

22.《北京地区建设工程规划通则》（北京，2012）

23.《上海市控制性详细规划技术准则（2016年修订）》（上海，2016）

24.《江苏省控制性详细规划编制导则》（江苏，2012）

25.《武汉市城市设计编制与管理技术要素库》（武汉市，2014）

26.《珠海市城市规划技术标准与准则（2017版）》（珠海市，2017）

27.《深圳市城市规划标准与准则（2016修订）》（深圳市，2016）

28.《中新天津生态城南部片区设计导则》（天津市，2010）

29.《成都市"小街区规制"规划管理技术规定》（成都市，成府函〔2015〕104号）

30.《横琴新区街道设计导则》（珠海市横琴新区，珠横新管函〔2019〕38号）

31.《横琴新区城市设计导则》（珠海市横琴新区，2013）